交互視角下員工心理契約及勞動關係協調研究

周莉 著

崧燁文化

目錄
Contents

第一章　緒論　/1
　　一、研究背景及意義　/1
　　　　（一）研究背景　/1
　　　　（二）研究意義　/3
　　二、研究目的及內容　/3
　　　　（一）研究目的　/3
　　　　（二）研究內容　/4
　　三、基本觀點及創新點　/6
　　　　（一）基本觀點　/6
　　　　（二）創新點　/7

第二章　文獻綜述　/8
　　一、心理契約研究綜述　/8
　　　　（一）心理契約概念與內涵研究　/9
　　　　（二）心理契約內容及維度研究　/10
　　　　（三）心理契約違背研究　/12
　　二、組織社會化研究綜述　/16
　　　　（一）組織社會化概念與內涵研究　/16
　　　　（二）組織社會化內容研究　/19
　　　　（三）組織社會化戰術（策略）研究　/21
　　　　（四）組織社會化程度研究　/24

三、組織社會化過程中的員工信息尋找行為研究 /25
　　（一）信息尋找行為概念與內涵研究 /25
　　（二）信息尋找來源研究 /26
　　（三）信息尋找方式研究 /27
　　（四）信息尋找內容研究 /28
四、組織社會化過程中新員工心理契約相關研究 /29
五、心理契約與職業倦怠相關文獻研究 /31
　　（一）職業倦怠研究 /31
　　（二）心理契約與職業倦怠相關關係的文獻研究 /35
六、勞動關係及其預警協調機制的相關研究 /36
　　（一）勞動關係及其特徵研究 /36
　　（二）勞動關係預警機制研究 /38
　　（三）勞動關係協調機制研究 /42
七、文獻研究小結 /44

第三章　基於心理契約的員工與組織行為交互的博弈分析 /46
一、模型假定 /46
二、模型的建立及分析 /48
　　（一）博弈過程 /48
　　（二）博弈順序 /49
三、員工與組織行為選擇及其條件分析 /50
四、博弈均衡求解 /52
五、研究結論與管理啟示 /53

第四章　個體信息尋找與組織社會化戰術交互作用下的新員工心理契約研究 /55
一、研究設計 /55

（一）研究思路及對象　/55
　　（二）研究方法　/57
　　（三）問卷設計及數據收集　/57
二、研究假設　/59
　　（一）組織社會化的影響因素　/59
　　（二）個體信息尋找行為的影響因素　/65
　　（三）心理契約的影響因素　/67
　　（四）組織社會化戰術和個體信息尋找行為對
　　　　　新員工心理契約的影響　/70
　　（五）組織社會化戰術與個體信息尋找行為交互
　　　　　作用對新員工心理契約的影響　/72
三、描述性統計分析　/74
　　（一）變量描述性統計　/74
　　（二）組織社會化項目描述性統計　/75
　　（三）個體信息尋找行為項目描述統計　/80
　　（四）心理契約的項目描述統計　/83
四、實證分析　/86
　　（一）組織社會化的影響因素研究　/86
　　（二）個體信息尋找行為的影響因素研究　/94
　　（三）心理契約的影響因素研究　/98
　　（四）組織社會化戰術對心理契約的影響
　　　　　研究　/100
　　（五）信息尋找行為對心理契約的影響分析　/102
　　（六）組織社會化戰術與員工信息尋找戰術交互
　　　　　作用對心理契約的影響　/104

第五章　心理契約對員工離職意向的影響研究　/107
一、研究背景及現狀　/107
二、問卷設計　/109

　　　　（一）員工心理契約的測量項目 /109
　　　　（二）員工離職意向的測量項目 /111
　　三、實證分析與討論 /112
　　　　（一）人口統計變量對各研究變量的差異性
　　　　　　分析 /112
　　　　（二）心理契約與離職意向的相關分析 /113
　　　　（三）心理契約與離職意向的實證分析 /114
　　四、研究結論 /114

第六章　心理契約視角下基層公務員職業倦怠研究 /116
　　一、研究現狀 /117
　　　　（一）公務員職業倦怠的相關研究 /117
　　　　（二）心理契約與職業倦怠相關研究 /118
　　二、概念模型 /119
　　　　（一）基本概念 /119
　　　　（二）研究模型與假設 /121
　　　　（三）總體研究結構 /125
　　三、問卷設計及研究 /126
　　　　（一）初始調查問卷的形成 /126
　　　　（二）前測分析 /128
　　　　（三）正式調查問卷的形成 /136
　　四、研究結果分析 /136
　　　　（一）樣本的發放與回收 /136
　　　　（二）樣本描述 /137
　　　　（三）三維結構驗證 /139
　　　　（四）相關分析 /139
　　　　（五）迴歸分析 /142
　　　　（六）調節作用分析 /144
　　五、研究結論與建議 /150

（一）主要結論 /150
　　（二）管理建議 /152

第七章　企業勞動關係預警機制研究 /163
　一、企業勞動關係預警指標設置 /163
　二、企業勞動關係預警運作主體 /166
　三、企業勞動關係預警運作系統 /168

第八章　新員工心理契約管理策略及勞動關係協調機制創新 /171
　一、交互視角下企業新員工心理契約管理策略 /171
　　（一）有效運用組織社會化戰術策略 /171
　　（二）將新員工組織社會化與組織激勵相結合 /173
　　（三）充分認識和把握新員工信息尋找內容與戰術 /173
　　（四）重視新員工入職前及社會化過程中心理契約的維護和管理 /174
　二、實行新員工心理契約的分類管理 /175
　　（一）側重薪酬與激勵的交易維度管理 /175
　　（二）側重培訓與職業發展的發展維度管理 /177
　　（三）側重情感維繫和企業文化的關係維度管理 /178
　三、基於積極心理學的人力資源管理策略 /179
　　（一）基於積極心理學的員工招聘策略 /179
　　（二）基於積極心理學的員工培訓策略 /180
　　（三）基於積極心理學的員工績效考評策略 /181
　　（四）基於積極心理學的企業激勵制度設計策略 /181

四、創新企業勞動關係協調機制　/182
　　（一）深化企業民主管理制度　/183
　　（二）完善勞動用工誠信評價制度　/183
　　（三）健全職工利益協調機制　/184
　　（四）暢通職工訴求合理表達機制　/185
　　（五）優化勞動爭議處理機制　/185

參考文獻　/186

第一章
緒　論

一、研究背景及意義

（一）研究背景

　　人力資源是企業發展、國家致富和社會進步的根本源泉，尤其是當人類社會進入以知識為主導的全新經濟時代，企業管理由強調對物的管理轉向強調對人的管理，把人看作是使組織在激烈競爭中生存和發展、充滿蓬勃生機的特殊資源，並努力調動人的積極性，使企業更富有活力，從而達到企業資源的優化配置。

　　企業中，員工個體行為和組織行為之間是交互作用的。組織針對不同個體的行為表現而表現出的行為，影響甚至決定著員工行為。新員工作為企業的新生力量，是企業可持續發展的重要資源，其能力、技能和知識都將是企業未來核心競爭力的重要組成要素。為了使企業能夠持續發展並富有創新能力，創造和維持企業的人力資源競爭優勢，企業都需要招聘新員工。然而，新員工在進入企業后，往往容易因其預期與真實角色不相符，而受到現實衝擊並且難以適應組織環境，這些問題很容

易使新員工在工作中感到焦慮，從而導致企業員工的高離職率。研究表明，員工離職的主要因素之一就是組織社會化的不完善。Allen（2004）通過研究發現，美國企業員工在其職業生涯中平均每人更換八個工作，美國企業新員工或大學畢業生在第一份工作中的前18個月自願離職情況甚為嚴重。組織社會化是新員工融入、適應、認同企業文化的必經過程，它影響員工的離職意圖、組織承諾，以及對組織中心價值與模範基準的認同（Bauer et al., 1998）。

對於組織社會化過程中新員工的信息尋找行為，許多學者都提出新員工可以主動向其他組織人員尋找信息，借以達成社會化的目的。雖然在國外關於組織社會化過程中的新員工信息尋找行為的研究已近成熟，但是國內學者在這方面的研究成果比較缺乏，代表性的成果僅有石金濤、王慶燕（2007），他們提出，新員工在進入企業組織時傾向於採取主動尋找信息的行為；新員工沒有因為工作時間不同、工作經驗不同而表現出不同的信息尋找行為反應或尋找不同的信息內容，但是在信息尋找戰術上有顯著差異；公開戰術和觀察戰術是新員工最傾向於採用的信息尋找戰術，並且對於獲取各類信息有重要的影響作用。

目前國內外關於新員工個體信息尋找行為、組織社會化策略（戰術）、心理契約的研究成果較為豐富，但從組織社會化視角研究心理契約的文獻，以及更進一步地，基於組織社會化視角並以新員工為研究對象的心理契約研究文獻不多，將組織社會化過程中新員工信息尋找行為與新員工心理契約聯繫起來開展研究的成果更是較為罕見，從個體（信息尋找行為）和組織（社會化戰術）交互作用視角下對新員工心理契約及勞動關係預警與協調進行的專門研究則尚屬空白。為此，作者將本人及所帶領研究生團隊近年來關注並研究的研究成果進行收集和匯總，一方面希望充實現有理論研究，另一方面也為社會

各界探索和解決現實問題提供借鑑參考或更為寬闊的思路。

(二) 研究意義

國內現有的關於心理契約的研究對象多集中在一般員工、管理人員或是 IT 員工上，對於新員工這一特殊群體的研究尚不多見。而從新員工個體的信息尋找行為和組織的社會化戰術選擇交互作用的視角，對新員工心理契約開展的研究在國內尚屬空白。此外，對公務員這一特殊群體的研究也甚少。本書的研究從研究的視角、內容及對象上充實現有理論體系，具有非常重要的意義。

正如 Rousseau（2001）所認為的，心理契約的形成主要包括雇用前階段和后期的經歷階段。因此，心理契約形成的研究對象離不開新員工。同時，就離職率而言，新員工的離職率遠高於一般員工，因而，研究新員工心理契約的形成與違背，可以從源頭上對新員工的心理契約進行干預，從而降低新員工心理契約違背感，以減少心理契約違背感帶來的不利影響。此外，員工心理契約對勞動關係協調與否有重要影響，也表明了本研究具有重要的現實意義。

二、研究目的及內容

(一) 研究目的

本研究在對員工與組織雙方行為交互作用進行理論分析的基礎上，基於個體（信息尋找行為）和組織（社會化戰術）交互作用的視角，以新員工進入組織時就接觸到的各方面信息及相應的行為選擇為出發點，探討在新員工組織社會化過程中，企業採取的組織社會化戰術和新員工的信息尋找行為對新

員工心理契約的影響機理，分析心理契約對員工離職傾向的影響，並對心理契約視角下基層公務員職業倦怠問題進行專題研究。在此基礎上對勞動關係預警以及協調機制進行專門研究，為組織社會化過程中新員工心理契約的維護和管理以及勞動關係的協調提供可供借鑑的對策建議。

（二）研究內容

本書的研究內容包括六個方面。

1. 基於心理契約的員工與組織行為交互的博弈分析

本部分通過建立一個不完全信息動態博弈模型，將組織與員工之間心理契約履行產生的心理效應納入分析框架，對組織與員工偽裝或是暴露其契約類型的行為選擇的動機、條件以及雙方行為的交互作用等進行理論分析，幫助組織或管理者理解、引導、預測和管理員工的心理與行為，為組織有效設計員工激勵機制、管理員工心理契約、構建和維護和諧勞動關係等提供科學依據與理論支撐。

2. 個體信息尋找與組織社會化戰術交互作用下的新員工心理契約研究

本部分主要研究個體信息尋找行為及其對新員工心理契約的影響、組織社會化戰術選擇及其對新員工心理契約的影響、基於個體和組織交互的組織社會化過程中新員工心理契約等內容。首先對組織社會化過程中新員工信息尋找行為與信息尋找戰術的特點、類型及信息內容等進行分析，對組織社會化各階段中新員工信息尋找行為的變化進行研究，從新員工基本背景情況、個人特徵等入手對組織社會化過程中影響新員工信息尋找行為的因素進行研究，從而分析個體信息尋找行為對新員工心理契約的影響。其次，在研究組織社會化過程中組織社會化戰術的類型，不同社會化戰術的特點、影響因素及對新員工組織社會化程度的影響等研究的基礎上，對組織社會化過程中組

織社會化戰術選擇對新員工心理契約的影響進行研究。最后，借鑑組織社會化過程中員工的信息尋找行為和組織社會化戰術選擇及其中的個體和組織的互動，以信息為心理契約形成的關鍵要素，探討組織社會化過程個體和組織交互作用對新員工心理契約的影響。筆者所指導的研究生穆欣、陳曉東參與了本部分內容的研究。

3. 心理契約對新員工離職意向的影響研究

鑒於員工離職可能對企業產生嚴重影響，同時由於心理契約違背是直接導致員工離職的因素之一，本部分以調查問卷設計取得的數據為分析依據，以員工心理契約為自變量，以離職傾向作為因變量研究心理契約對員工離職意向的影響及預測能力，從員工離職意向這一角度凸顯有效管理員工心理契約的重要性，為基於心理契約視角的勞動關係預警及協調機制的研究奠定基礎。筆者所指導的研究生譚伶伶參與了本部分內容的研究。

4. 心理契約視角下基層公務員職業倦怠研究

本部分在對相關變量進行界定及對基層公務員不同心理契約類型與其職業倦怠的相關關係進行理論分析的基礎上，將心理契約的內容維度（關係型心理契約、交易型心理契約、理念型心理契約）作為基層公務員職業倦怠影響因素模型的前因變量，並將人口統計學變量（性別、文化程度、婚姻狀況、工作年限等）作為調節變量，構建理論模型，提出研究假設。然后，借鑑以往研究並結合基層公務員實際編制基層公務員心理契約量表和職業倦怠量表，開展調研、收集數據以進行統計分析，對提出的假設進行驗證。就現今基層公務員心理契約類型、檢驗基層公務員心理契約與職業倦怠的相關關係，研究不同類型心理契約對公務員職業倦怠的影響，並以人口統計學變量作為調節變量對心理契約在職業倦怠影響中的緩衝作用等進行驗證、解釋與分析，為建立基層公務員職業倦怠預防與干預

機制提供理論支撐和管理借鑑。筆者所指導的研究生張寶惠參與了本部分內容的研究。

5. 企業勞動關係預警機制研究

本部分基於企業的視角，結合新員工心理契約的特點以及員工—組織行為對新員工心理契約的影響等，在當前中國員工權利意識逐漸提升的背景下，提出構建企業勞動關係預警機制的思路，促進勞動關係的和諧發展，以期為企業員工心理契約的管理和勞動關係的協調提供新的思路。筆者所指導的研究生李正一參與了本部分內容的研究。

6. 新員工心理契約管理策略及勞動關係協調機制創新

本部分在前述研究的基礎上，提出交互視角下企業新員工心理契約管理策略、實行新員工心理契約的分類管理策略、基於積極心理學的人力資源管理策略以及創新企業勞動關係協調機制，為企業新員工心理契約管理及企業勞動關係的協調提供參考和建議。筆者所指導的研究生盛德莉、石文桂、張寶惠等人參與了本部分內容的研究。

三、基本觀點及創新點

（一）基本觀點

（1）組織中的心理契約是聯繫員工與組織的心理紐帶，也是影響員工行為和態度的重要因素，是企業員工離職的重要影響因素。「早期的社會化」是心理契約形成的敏感期，此時心理契約正處於一種正式完善階段。

（2）組織中個體行為與組織行為是交互作用的，伴隨著新員工的進入和組織社會化的漸進，大量關於組織、任務和工作方面的信息被員工感知、吸收並整合，從而形成員工自身的

感知。員工的感知轉化為行為選擇的同時又影響組織策略選擇，進而組織策略又對個體的心理和行為產生影響。如此往復交互，貫穿新員工心理契約全過程。

（3）「重預警，建機制」。勞動關係是否協調對企業來說十分重要。建立包括運作指標體系、運作主體及預警運作系統等在內的勞動關係預警機制以及創新勞動關係協調機制，對於和諧勞動關係的建立是非常必要的。

（二）創新點

（1）構建員工與組織之間交互影響的博弈模型，將心理契約履行情況產生的心理效應進行定量刻畫且納入理論分析框架，用以分析組織和員工的交互影響及行為選擇。

（2）基於交互視角對個體和組織交互作用下新員工心理契約展開系統研究，並提出新員工心理契約分類管理策略、基於積極心理學的人力資源管理策略等創新觀點。

（3）突破預防和處理勞資糾紛這一狹隘的出發點，構建包括預警和協調因隱性契約違背導致的勞動關係失調或破裂等在內的預警機制，並創新性地提出囊括企業高層、中層、基層部門以及人力資源管理部門等多層次的預警運作主體和完善的預警運作系統。

第二章
文獻綜述

鑒於本書研究的內容涉及心理契約、組織社會化、員工信息尋找行為以及勞動關係等多方面，本部分就相關研究成果進行匯總梳理，以便讀者把握研究現狀，同時也為后續研究提供基礎。

一、心理契約研究綜述

自 Argyris（1960）首先使用心理契約描述下屬與主管之間的關係以來，國外眾多研究者圍繞心理契約的概念與本質、心理契約的結構、心理契約的形成與發展、契約破裂、契約違背的機理與后果等展開了系統研究。契約違背的實證研究是國外心理契約研究的重點，最近的研究成果主要集中在契約違背的結果變量和調節變量的研究上，也有學者研究契約違背的前因變量和仲介變量，但相對較少。

國內學者對心理契約的關注始於 21 世紀初，研究大致可以分為綜述性研究、理論研究和應用研究三類。最近國內學者對心理契約的研究以應用研究為主，並集中在心理契約違背及發展變化（潘成雲，2011；趙衛東，2011；白豔麗，2011；於

斌，2011），契約破裂（或違背）的影響因素及效果（孫曉龍，2009；田喜洲，2009；張楚筠，2011；樊耘，2011；何明芮，2011），契約破裂或違背的結果變量、調節變量、仲介變量（張生太，2011；侯景亮，2011）等的研究上。

（一）心理契約概念與內涵研究

心理契約的概念是在 1960 年由 Argyris 在《理解組織行為》一書中首次提出的，其后學者們對心理契約的概念有著廣義和狹義兩種定義。

廣義定義把心理契約界定在組織與個人層面上，代表性觀點有 Levinson（1962）等將心理契約界定為「未書面化的契約」，即關係雙方可能並未清楚意識到的，但卻是統攝雙方關係的一系列的相互期望。Schein（1965）將其定義為時刻存在於組織成員之間的一組不成文的期望，並提出構成心理契約的條件包括個體和組織兩個層次。Kotter（1973）又提出心理契約是存在於個體與其組織之間的一份內隱協議，協議中指明了彼此關係中一方期望另一方付出的內容和得到的內容，它將雙方關係中一方希望付出的代價以及另一方得到的回報具體化。

而以 Rousseau 為代表的狹義定義者認為：心理契約是員工個人以雇傭關係為背景，以許諾、信任和知覺為基礎而形成的關於雙方責任的各種信念，而組織本身不會有心理契約，它在心理契約中的作用是為知覺提供背景。之後，Robinson 等（1994）又指出，這種信念指的是員工對外顯和內在的員工貢獻（努力、能力、忠誠等）與組織誘因（報酬、晉升、工作保障等）之間的交換關係的承諾、理解、感知。Morrison 等（1997）在此基礎上進一步指出，心理契約是一個員工對其與組織之間的相互義務的一系列信念，這些信念建立在員工對承諾的主觀理解的基礎上，但並不一定被組織或者其代理人所意識到。

近些年來的心理契約研究主要是基於狹義心理契約概念從員工角度進行的。研究的內容涉及心理契約的內容、維度、發展、違背等多個方面。

(二) 心理契約內容及維度研究

心理契約是一個很複雜的心理結構，它具有個體性、主觀性、動態性和社會性的特點。心理契約的內容因受到個人、組織、文化因素的影響而有很大的差異。早期對心理契約內容的探討集中在對員工和組織的相互要求，如組織對員工的理解、認同、工資保障和長期雇傭，以及員工對工作的勝任和忠誠等調查上。20世紀90年代以后，對心理契約內容的研究則較多地集中在員工心理契約中的組織責任方面，主要表現在工資報酬、資金福利和職業發展方面等（李成江，2007）。

為了更全面地把握心理契約的內容，許多學者對心理契約內容的研究都是從其維度著手，綜合歸納現有研究，主要包括三種維度的理論觀點：二維結構、三維結構和四維結構。

（1）二維結構。

該結構學說最早由 Macneil（1985）提出。目前大部分研究者雖然都持二維結構觀點，但是對二維的具體內容卻有不同的看法。

以 Kissler、Robinson、Millward 等為代表的研究者認為，心理契約的結構包括交易型和關係型兩種類型。交易型心理契約比較關注具體的、短期的和經濟性的交互關係，而關係型心理契約則是關注於廣泛的、長期的、社會情感性的交互關係，持有關係型取向的員工往往對組織擁有更高的信任度和組織滿意度。

另一種主流觀點認為二維結構內容指的是內在契約和外在契約。研究者通過對以往心理契約組織的責任的分析得出：所有心理契約內容可以被分類為與工作完成有關的承諾和與工作

性質有關的承諾。外在契約指的是組織對員工所做的與員工工作完成有關的承諾，比如給員工安排更為靈活的工作時間、安全的設施和舒適的環境，而組織對員工工作性質有關的承諾是內在契約涉及的內容，如工作自我選擇、從事挑戰性工作、個人職業發展機會等（Kickul，2001）。

（2）三維結構

雖然大多數學者都持二維結構說觀點，但也有學者認為三維結構理論才更能揭示心理契約的本質。對三維結構的具體內容，不同學者也有不同的看法，其中比較有代表性的觀點有兩種。

Rousseau 和 Tijorimala（1996）通過實證研究，提出心理契約的三維結構包括交易維度、關係維度和團隊維度。其中，交易維度指員工確保承擔組織基本的工作要求，作為交換，組織為員工提供經濟和物質利益。此維度上雙方約定內容多有正式的書面合同為據。關係維度是指員工為企業的發展做出工作以外的貢獻，而作為回報，員工期望企業為員工提供理想的職業發展空間。團隊維度是指員工與組織或團隊之間重視人際支持與關懷、強調良好的人際環境的建設。另外，Lee 和 Tinsley（1999）在一項跨文化研究中，探索中國香港地區與美國工作小組中的心理契約結構，發現對「員工的責任」和「組織的責任」的研究結果均支持 Rousseau 等提出的三種成分說，即關係成分、交易成分和團隊成分。

李原（2002）結合中國國情，通過實證研究提出了中國企業員工的心理契約由三個維度構成：規範型責任、人際型責任和發展型責任。其中，規範型責任是指在經濟契約中員工與企業雙方需要遵守的約定；發展型責任是指雇傭關係雙方對對方的事業發展負有責任；人際型責任則是指企業有責任為員工創造良好的人事氛圍，具體體現在企業文化和領導人個人魅力這兩方面。

(3) 四維結構

四維結構理論的代表學者是 Rousseau（1995，2000），她基於僱傭期限和績效要求兩大相關因素，得出了心理契約的四種類型：交易型、過渡型、平衡型、關係型。其中，交易型的特點是低工作模糊性、高流動率、低員工承諾、低組織認同；過渡型的特點是高工作不確定性、高不穩定性、高流動率；平衡型的特點是高員工承諾、高組織認同、不斷開發、相互支持、穩定性；關係型的特點是高員工承諾、高情感投入、高組織認同、動態性。Kingshott（2005）在研究心理契約對買賣雙方關係中信任和承諾的影響時，驗證了 Rousseau 提出的四維模型。

Kickul 和 Lester（2001）以一所大學的 183 名在職 MBA 學生為研究對象，經過驗證性因子分析，得到心理契約的四維模型——分別由自主和控制、組織獎勵、組織福利、成長和發展四個維度構成。

（三）心理契約違背研究

目前，心理契約違背是心理契約研究領域中的焦點之一。對心理契約違背的研究主要集中於心理契約違背的概念、形成過程的模型、相關變量的研究上。

1. 心理契約違背的概念

在心理契約理論研究前期，很多學者不能將心理契約破裂與違背區分開。Rousseau（1995）認為心理契約違背是指組織成員對組織未能充分履行對他們承諾的責任的感知。而 Morrison 和 Robinson（1997）則對心理契約違背的概念做了澄清，認為心理契約違背是個體在組織未能充分履行心理契約的認知基礎上產生的一種情緒體驗，其核心是個體感覺到組織背信棄義或自己受到不公正對待時產生的憤怒情緒。這一概念得到其他一些學者（Turnley & Feldman, 2000; Lester et al.,

2002；Turnley et al., 2003）的認同。

2. 心理契約違背的形成過程

Turnley 和 Feldman（1999）提出了違背心理契約的食言模型，詳細解釋了心理契約違背發生的過程。該模型認為產生心理契約理解差異的因素有三方面：員工期望的來源、心理契約違背的具體原因、食言本身的性質。他們進一步指出，心理契約對組織成員行為產生的影響還受到個體差異、組織實踐以及勞動力市場特徵等因素的調節。

Turnley 和 Feldman（1999）提出了心理契約違背的差異模型，認為促成心理契約破裂或違約的因素主要在於三個方面：員工期望、心理契約破裂的具體原因、差異的性質特點。另外，心理契約違背對員工行為的影響主要受到個體差異、組織實踐、勞動力市場特徵等多個中間變量的調節。

3. 心理契約違背的相關變量

與心理契約違背相關的變量通常可以分為四種：一是前因變量，即影響心理契約違背的因素；二是緩衝變量，即與心理契約違背有密切關係，但難以確定心理契約違背與它們之間因果關係的因素；三是結果變量，即會受心理契約影響的因素；四是中間變量，即心理契約與其他變量之間的影響因素。

（1）前因變量。Martin 等（1998）研究了員工心理契約滿足的條件之一，認為員工可通過培訓提高自己的可雇傭性，從而使其心理契約得以滿足。Edwards、Rust、Mckinley、Moon（2003）提出，那些具有依賴企業意識的員工更加容易認知到心理契約違背的發生，並通過實驗驗證了該觀點。該實驗是，首先讓兩組被試者閱讀不同的文字，試圖讓一組被試者形成自我依賴的意識，讓另一組被試者形成依靠企業的意識。實驗結果表明：在發生同樣的違背（告訴被試者實驗中斷，以造成違背事實）的情況下，擁有依靠企業意識的員工更加容易意識到心理契約違背的發生。其原因在於擁有這種意識的員工認

為職業發展以及提高可雇傭性等必須依靠企業。一旦企業不能解決這些問題，他們就很容易產生心理契約違背認知，不容易接受企業變革需要裁員等事件。由此可見，員工自身的一些特徵與心理契約違背的發生存在密切聯繫。

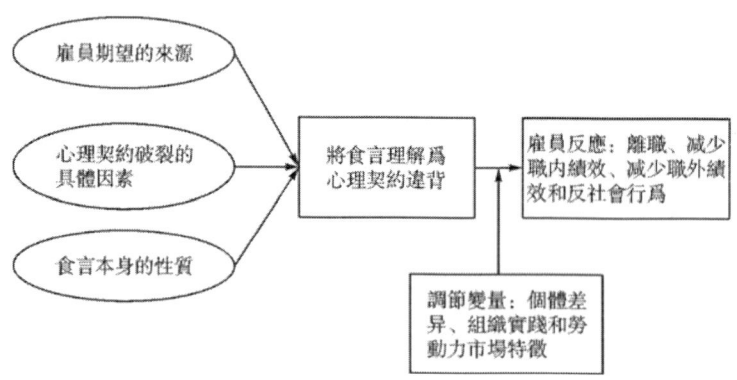

圖 2.1　心理契約違背的食言模型（Turnley & Feldman，1999）

（2）緩衝變量。心理契約違背與員工負面行為之間會受到許多緩衝變量的影響，因而這些因素會使心理契約違背導致員工負面行為的程度受到削弱。Turnley 和 Feldman（1998）指出了一系列心理契約違背與員工反應之間的緩衝變量，包括情感（比較悲觀的人更加容易認知到心理契約違背）、公平敏感性（公平敏感性高的人更加容易認知到心理契約違背）、盡職（比較盡職的人不容易認知到心理契約違背）、程序公平、互動公平、退出成本（退出成本很高的時候，認知到心理契約違背的時候會有較少的反應）、可替代性等。

除了 Turnley 和 Feldman 所提出的一系列緩衝變量之外，信任和員工的身分也被一些學者視為緩衝變量。Robinson（1996）通過考察員工信任與心理契約違背之間的關係發現：信任和心理契約之間的關係很明顯，雇傭初期的信任與違背成反比；信任是心理契約違背和員工貢獻之間的緩衝變量，如果初期信任比較強，則在契約違背時，信任減少量也少一些。

(3) 結果變量。目前使用最為廣泛、與心理契約相關最高的結果變量有五種。一是公平知覺，即心理契約的違背對分配公平的影響，自己的付出與得到之間的對照，可能會導致不平衡感。二是員工對企業的貢獻。它可以分成三類：工作職責範圍內、雖不在工作職責範圍內但是對企業績效能有幫助、員工留職。三是離職。Turnley 和 Feldman（1999）的研究也表明，心理契約違背與尋找其他工作呈正相關，說明了離職是心理契約違背的后果之一；Kickul、Lester、Finkl（2002）通過研究也發現，心理契約違背與實際離職之間呈正相關。四是組織承諾。Kickul（2001）認為，心理契約違背對員工的組織承諾有很大的影響，心理契約違背會降低組織承諾，尤其是情感承諾。五是組織公民行為。Organ（1988）認為組織公民行為雖然不是由正式的薪酬體系所直接或明確指明的，但卻是總體上有利於組織績效的提高的個人行為。Anita Sharma（2016）對心理契約違背導致的員工反生產行為進行了專門研究。結果表明：心理契約違背的三個維度，即員工責任、雇主責任以及心理契約實現與組織和個人間反工作行為顯著負相關；心理契約違背、心理契約轉變與組織和個人間反生產行為顯著負相關。Jamal 等（2015）構建了心理契約違背對組織產出產生影響的理論模型。研究發現，心理契約違背對組織產出有負面影響，且個人信仰可能誇大或減輕這一負面作用，在二者之間起調節作用。Maria 等（2015）建立了一個違背后模型，以系統地解釋受害者在心理契約違背后的反應、對契約違背的應對以及該過程對其后續心理契約的影響。研究發現，契約違背后的行為主要取決於受害者對契約解決可能性的信念以及導致違背的原因。徐自強、干靈巧（2015）基於心理契約理論的視角，並結合相關者的特徵與所處環境分析新生代員工頻繁跳槽的機理，最后對新生代員工的管理等相關問題提出建議。

(4) 中間變量。目前對中間變量的研究還不多，主要有

兩個方面：一是期望不滿足感（Robinson，1996），二是負面情緒反應（陳銘薰，等，2004）。

二、組織社會化研究綜述

國外員工組織社會化文獻主要集中在最近幾十年，國內對員工組織社會化的研究則興起於最近幾年。現有文獻對組織社會化的研究主要集中在組織社會化概念、組織社會化內容、組織社會化策略、組織社會化程度等方面。本部分就國內外組織員工社會化的代表性文獻進行回顧，並對之進行分析比較，為本文的研究奠定理論基礎。

（一）組織社會化概念與內涵研究

要理解「組織社會化」，必須先理解什麼是「社會化」。1895年，德國社會學家Simmel在其《社會學的問題》一文中，首先用「社會化」一詞來表示群體形成的過程。美國學者Schein（1968）將「社會化」（socialization）概念引入組織，探討員工適應組織的機制，首次提出了「組織社會化」（organizational socialization）的觀點。Schein認為組織社會化是新進員工為適應組織角色所需要學習的內容和經歷的過程。自從Schein將組織社會化的概念引入學術界後，學者們開始用不同的視角來研究組織社會化問題。在心理學領域社會化主要從個性發展的角度來研究，認為個體的成長、個性及人格的形成過程即是社會化。文化人類學從社會文化的視角來研究社會化，把社會化過程視為社會文化的內化過程，注重文化模式對其成員共有行為的影響；認為社會化是成員認同角色規範的過程。在社會學裡社會化主要是研究社會化過程中人與社會的互動，重視社會規範的內化以及社會角色的形成；組織社會化是人與

人、人與組織相互影響和作用的過程。組織行為學領域的社會化主要研究社會化過程中員工的學習過程和學習內容等。到目前為止，對組織社會化還沒有一個為學術界普遍接受的定義，我們將較有代表性的組織社會化的定義整理如表 2.1。

表 2.1　　　　　　組織社會化的有關概念

學者	組織社會化概念
Schein（1968）	組織社會化是新員工進入組織，學習在組織中有效表現的一些訣竅的過程，即學習和適應一個組織的價值觀、規範及所需要的行為模式的過程。
Van Maanen 和 Schein（1979）	組織社會化是組織成員獲取作為組織成員所需的態度、行為、知識的過程，是個人經歷的由組織為其設計的角色轉換的過程。
Wentworth（1980）	組織社會化是一種活動，是指新進員工加入一個既定組織的行為活動。
Louis（1986）	組織社會化是員工瞭解承擔組織角色或成為組織成員所需要的價值觀、能力、期望的行為及社會知識的過程。
Fisher（1986）	組織社會化是一種學習的過程，是指新進員工在進入組織時，期待其行為能夠符合組織的要求，需要獲取不同信息的一種調適過程。
Jablin（1987）	組織社會化描述新進員工對組織的期待及對組織的調適。
Chatman（1991）	組織社會化的主要目標是讓新進員工瞭解組織文化，界定出一種共享價值觀的系統。
Morrison（1993）	組織社會化是一種學習過程，新進員工的行為和態度必須符合組織角色。
Chao 等（1994）	組織社會化是一種學習的過程。從個體角度看是指個人適應或調適組織內的新角色，以及為調適這個新角色而學習一些相關的新信息；從組織角度看，是指通過正式訓練程序幫助新員工適應組織。

表2.1（續）

學者	組織社會化概念
Saks 等（1996）	組織社會化是指新員工學習如何扮演工作中的角色，以及如何調適組織的環境與文化。
Taormina（1997）	組織社會化是個體獲得工作相關技能、瞭解組織、獲取同事支持及接受組織已建立的法則的一種過程。
Bauer 等（1998）	組織社會化是一個十分重要的過程，因為它確保了新員工回應他們的工作環境以及和其他成員合作事實的架構，持續傳達了組織中心的價值及規範。
Timothy（2000）	組織社會化是一種持續不斷的調適過程。
Irene（2002）	所謂組織社會化，就像引導和指導，使個體能夠順利地適應其工作或組織；它是一個個體獲取其工作所必需的知識或技能的過程；它也是一項轉換的過程，包含將重要規範及價值傳達給員工。
Filstad（2004）	組織社會化是指新員工進入組織到成為該組織既定成員過程中涉及社會和文化方面的所有學習。
王明輝（2006）	組織社會化是指個體為了適應所在組織的價值體系、組織目標和行為規範而調整自己的態度和行為的學習過程。

　　從表2.1中我們不難發現，雖然研究者們對組織社會化的定義有所不同，但在這些定義中有一定的相通的地方。

　　（1）組織社會化是一種雙向過程，在這個過程中涉及組織和員工兩個方面，員工調整自己的工作態度、行為和價值觀以使自己適應組織的各種規範、文化、價值觀等，進而使自己能夠在組織中順利地進行各種工作；另一方面，組織通過一些訓練、正式的程序使員工適應組織。

　　（2）組織社會化是一種持續的調適過程，不僅涉及最初的新進員工，也涉及員工的整個職業生涯，是員工伴隨著組織

價值觀、文化等一系列的變化而不斷進行調整以使自己適應組織內部的一個過程。

（3）組織社會化是一種學習過程，在這個過程中員工需要學習如何獲得多種信息、如何扮演工作中的角色，以及如何調適組織的環境與文化。

（4）組織社會化是一種角色轉換，個人經歷由組織為其設計的角色轉換的過程。這種組織角色使員工認同組織目標、行為規範、價值體系和文化，進而使得組織文化得以傳承。

由此，我們認為：組織社會化是個體與組織的雙向過程，個體通過學習獲得多種信息，通過調整自己的工作態度、工作行為和價值觀念來適應組織的價值體系，認同組織目標和行為規範並有效融入組織，期待最終被組織認同；組織通過各種策略推動個體對組織文化的學習與認同過程，以及角色互動與調整過程，期望組織文化最終得以傳承。

（二）組織社會化內容研究

組織社會化的研究內容主要是解決員工需要學習什麼才能夠有效地適應組織、承擔起組織角色的問題。一方面，通過研究組織社會化的內容，明確在組織社會化的過程中員工應當學習什麼，另一方面，對組織社會化內容的研究能夠使組織更好地採取相應的組織社會化策略，促進員工的組織社會化的有效性。

組織社會化內容的研究，大致可以劃分為兩個階段：早期理論研究階段和后期的實證研究階段。最早的研究是 Schein（1968）的研究，他奠定了這方面研究的基礎，認為組織社會化內容包括：組織的基本目標、達成組織目標的更好方式、被組織認可的角色、行為模式、為保持組織一致性的規則。其后，Feldman（1981）、Fisher（1986）等一些學者也提出了一些代表性的觀點。Fisher（1986）認為，組織社會化內容包括

四個方面：學習有關組織的知識（工作守則、人事制度、態度、信仰、價值觀、文化等）、學習如何在團體中發揮作用（工作崗位的權利與義務、人際交往技巧、團體規範、團體文化等）、學習有關工作知識（要做什麼工作、要怎麼做等）、個人學習（找到合適的人學習關於組織、群體和工作任務的相關知識，建立良好的人際關係等）。Ostroff 和 Kozlowski（1992）將員工組織社會化內容分為四個部分：任務、角色、群體、組織。這與 Fisher 的觀點很接近。以上這些學者在對組織社會化的內容進行研究時大都是進行的理論研究，並沒有做過實證研究。

最開始以實證的方式進行研究的是 Chao 等人。1994 年 Chao 等人在文獻分析的基礎上，以 594 名美國大學畢業生為被試者，通過因素分析研究發現，員工組織社會化內容包括六個維度：工作績效標準化、人際關係、語言、組織目標、價值、歷史。Taormina（1997）以中國大陸、中國香港和新加坡三地員工為被試者，通過實證研究發現組織社會化內容包括四個方面：接受培訓程度、組織理解程度、同事支持、未來期望。Thomas 和 Anderson（1998）提出組織社會化由角色、社會、人際資源和組織知識等四方面的內容構成。Haueter 等（2003）提出新員工社會化由組織、群體和任務三個維度構成。

近年來，國內關於組織社會化內容的研究成果也不斷增多。錢穎（2004）以廣東省企業員工為研究對象，通過對廣東省 12 家企業的近 1,500 名員工的調查研究發現，人口統計學變量在組織社會化上的差異不顯著。趙國祥、王明輝、凌文輇（2007）通過對中國企業員工的實證研究，認為中國企業員工組織社會化內容結構包括四個維度：組織文化社會化、工作勝任社會化、人際關係社會化和組織政治社會化。孫健敏、王碧英（2009）通過探索性因素分析，認為國有企業員工的

組織社會化內容由勝任工作社會化、組織文化社會化和領導政治社會化三個維度構成。此外，汪炯（2010）則從組織社會化的主要內容及影響社會化進程的重要因素入手，尋找組織社會化對企業人力資源管理的啟示。

總體而言，無論是從理論上還是從實證上，國外學者對組織社會化的內容做了很多研究，而中國學者對這方面的研究相對較少，但正在不斷豐富中。我們總結前人的研究發現，組織社會化的研究內容主要集中在態度、技能、規則、價值觀、文化、組織目標、角色、行為模式、人際關係等方面。

（三）組織社會化戰術（策略）研究

組織社會化的研究涉及員工和組織兩個方面。對組織社會化的研究大體也可以分為兩個階段：傳統研究取向和新近研究取向。早期對組織社會化的研究將組織視為組織社會化主動者，個體視為組織社會化的反應者。新近的研究將個體視為組織社會化的主動者，而將組織視為被動反應者。因此，組織社會化的策略可以分為個體策略和組織策略。按照本研究的課題申請書，我們將組織社會化策略認定為狹義的組織社會化戰術，即將其認定為組織層面所採取的組織社會化戰術。本部分文獻綜述則只對組織層面所採取的社會化戰術進行了梳理，而個體層面的社會化戰術已在文獻綜述的第一部分中詳細闡述。

組織社會化戰術主要研究的是當新員工進入組織時，組織應當採取何種戰術使得新員工盡快地融入組織。國外在這方面的研究已經很成熟，最早的研究是 Van Maanen 和 Schein（1979）提出的六種社會化策略：集體策略和個體策略（集體化策略是使員工有共同的經歷和共同的體驗，而個體化策略則是單獨地培訓每一個員工並讓員工有獨有的體驗）；正式策略和非正式策略（正式化策略是指社會化期間將新成員與富有經驗的成員隔離開來，而非正式策略讓新員工在正常的環境中

進行組織社會化，而不將新員工與其他員工進行明確劃分）；連續策略和隨機策略（連續策略是指社會化設定一個角色並有一套固定的步驟進行社會化，隨機策略步驟則是模糊或者是可變的）；固定策略和可變策略（固定策略是為一個設定的角色規定時間，對新成員安排固定的里程表，而可變策略不限定時間）；伴隨策略和分離策略（伴隨策略是指組織社會化過程中組織固定地安排有經驗的成員伴隨新員工進行社會化，分離策略是指沒有有經驗的人員伴隨）；剝奪式策略和賦予式策略（剝奪式策略指的是對新員工的個人特徵、先前的一些想法，及對新成員的資格素質加以否定，並建立組織需要的知識經驗，而賦予式策略是指對新成員已經擁有的特性加以肯定）。在上述理論的基礎上，1986年Jones將六種社會化策略分為兩類：一類是制度化的社會化策略（集體的、正式的、固定的、有序的、連續的和授權的社會化策略），這種策略鼓勵新員工被動接受預先設定的角色和狀態，容易使組織維持現有的狀態；另一類是個體化的社會化策略（個別的、非正式的、變動的、隨機的、分離的和剝奪的組織社會化策略），這種策略鼓勵新員工主動發展，容易使員工保留個人的特性，自己去認識在組織中應承擔的角色。Jones還將這六種策略歸納為三類：情境因素，包括集體與個體、正式與非正式策略；內容因素，包括連續與隨機、固定與變動策略；社會因素，包括陪伴與分離、剝奪與賦予策略（如表2.2）。此外，Allen和Meyer（1990）通過對MBA的調查得到同樣的結果，並發現連續與分離式維度是角色定向的最佳預測因子。Ashforth和Saks（1996）認為，制度化社會化策略對於保持一致和鼓勵創新都有正向作用，但組織更傾向於使員工保持一致而非具有創新性。

表 2.2　　　　　　不同因素下的組織社會化戰術

因素	組織社會化戰術	
	制度式	個體式
情境因素	集體	個體
	正式	非正式
內容因素	連續	隨機
	固定	變動
社會因素	伴隨	分離
	剝奪	賦予

在中國，近些年學者們也開始探討組織社會化策略對員工組織社會化的影響，比如譚亞莉（2006）提出組織的社會化策略對員工進入組織後工作適應內容中的任務掌握和角色清晰維度有積極預測作用；員工主動社會化策略對工作適應內容維度有積極預測作用。邢小明（2010）採用組織和個人的雙向視角，從企業採取的組織社會化策略和個人採取的主動社會化行為兩個方面探索影響初入職大學畢業生組織承諾水平的機制。蘇曉豔（2014）以工作嵌入作為仲介變量，以 210 位新員工為調查樣本，分析了組織社會化策略對新員工離職意向影響的理論機制。研究顯示，工作嵌入在組織社會化策略對新員工離職意向的影響中發揮部分仲介效應。

總體而言，組織社會化的策略可以分為個體策略和組織策略，組織方面的策略又可以分為兩大類（制度化社會策略和個體化社會策略）、三因素（情境因素、內容因素、社會因素），以及六種兩兩對應戰術。不同的社會化戰術帶來不同的結果，對員工組織社會化產生不一樣的影響。

（四）組織社會化程度研究

對組織社會化程度的測量主要是研究用什麼變量、什麼量表來衡量員工組織社會化的程度的問題。

對於組織社會化的測量變量，國外有不少學者做了相關研究，如 Feldman（1976）將個體滿意度、相互影響、內在工作動機、工作投入這四個變量作為衡量員工組織社會化程度的變量。Gardner 和 Lambert（1993）從實證研究入手認為應該將組織政策、組織目標、人際關係、工作績效、績效預期、文化語言作為員工社會化程度的衡量變量。在量表方面，目前較多地採用 Jones（1986）在整合組織社會化的 6 種策略的同時編制的組織社會化策略量表。該量表包含 6 個維度，每個維度包括 5 個條目，共 30 個條目，例如問題「我的同事們特意幫助我適應這家公司」，以及「我已被清楚地告知，我在公司中的培訓過程將根據一套活動事件的固定時間表來進行」等。中國學者王慶燕、石金濤（2006）在實證研究中，也引用的是 Jones（1986）的組織社會化策略量表。Cable 和 Parsons（2001）對 Jones 開發的量表進行了修訂，刪除了其中 4 個兩兩互相高度正相關而與其他條目高度負相關的條目：集體與個體維度的「我參與的大部分培訓活動是與其他新員工分開進行的」，正式與非正式維度的「我的大部分工作知識是在嘗試和犯錯中非正式地獲得的」，授權和剝奪維度的「為了能被這個組織接受，我曾被迫改變自己的態度和價值觀」，以及伴隨與分離維度的「我沒有或極少有機會接觸組織中曾擔任過我這個角色的人」。Kim、Cable 和 Kim（2005）將修訂后的問卷用於一項在韓國的研究，發現量表具有很好的測量信度（0.86）。剩餘的這 26 個條目組成一個集合（Ashforth et al.，1995），整個集合總分的均值越高，代表組織越傾向於設計系統的、有計劃的一系列活動來減少新入職員工的不確定感，也

就是說組織採取了制度化的組織社會化策略。此外，還有一些量表較為權威，Taormina（1994）開發的組織社會化量表將教授培訓度、組織理解度、同事支持、未來期望這四個維度作為衡量員工社會化的量表，且每個維度下方有 5 個條目用李克特七點計分法來衡量。Chao 等（1994）開發的組織社會化程度量表，包含六個維度，分別為工作熟練度、政治、組織目標與價值、人、語言、歷史，共計 34 個題項，主要採用李克特五點計分法來測量組織社會化程度。

三、組織社會化過程中的員工信息尋找行為研究

組織社會化包括新員工和新員工所在的組織這兩個方面的主體，因而組織社會化是組織和員工交互作用的過程。由於知識型新員工具有獨立的價值觀和較強的自我實現意識，因此他們具有很強的學習動機和成就動機，也更願意在工作中積極主動作為，使得其自身導向的主動社會化明顯優於組織導向的被動社會化。主動社會化最明顯的特點在於新員工通過主動的信息尋找行為促進自身社會化（李從容，等，2011）。Miller 和 Jablin（1991）的研究也表明，新成員可能通過自己的主動信息尋找行為來降低在工作環境中的不確定感。

（一）信息尋找行為概念與內涵研究

目前關於信息尋找行為的概念已經形成了比較統一的界定：指知識型新員工進入企業後為適應組織要求而進行的主動尋找信息的行為。自 Louis（1980）首先提出員工並非只是被動地接受組織的安排這一觀點后，許多學者就開始了將新員工作為主動行動者的研究。Louis（1980）、Reichers（1987）等人研究認為新員工憑藉主動的信息尋找行為，去瞭解、學習與

組織有關的各方面內容。Morrison（1993）認為通過尋找各種於員工有用的信息，新員工能有效地促進組織社會化的進程。對於新進組織的員工而言，信息尋找行為對於工作掌握、角色澄清以及社會整合均具有影響力。

（二）信息尋找來源研究

通過文獻梳理，綜合 Fisher（1986）、Miller 和 Jablin（1991）、Posner 和 Powell（1985）等人的研究，可將信息尋找的來源概括為：直接上司、資深同事、新進同事、非直接上司、部屬、工作本身、與工作相關的組織外人員。由於新員工主要通過人際交流和反饋過程尋找信息以降低風險（Katz, 1980），因此新員工尋找信息最主要的來源是其上司和同事（Ashford, 1986）。另外，由於直接上司可以決定工作的要求、充當榜樣角色和專家角色，且新員工最終必須獲得直接上司對其角色的贊同，所以直接上司通常被認為是信息的最重要的來源。Morrison（1993）認為，對於新員工而言，雖然獲得信息的來源主要是上司和同事，但是新員工較常通過上司來獲得技術性信息、參考性信息及工作反饋信息，而較常詢問同事有關於社會性的信息。

Ostroff 和 Kozlowski（1992）研究發現：上司和同事在有關組織與任務的內容上提供了相同程度的信息；在有關團體方面，從同事來源所獲的信息顯著高於上司；在角色內容上，從上司來源所獲得的信息顯著高於同事。其原因在於不同來源獲得的信息有效性不同，比如從同事獲得的信息效用性高於從上司獲得的信息效用性，因為新員工在每日與同事的互動和溝通中，對新工作相關信息的轉移上較直屬上司及其他新員工互動的幫助性高（Miller & Jablin, 1991）。

另外，Ostroff（1992）、Morrison（1993）在其研究中還發現，信息源選擇與信息尋找行為以及信息本身的內容也是相關

聯的。

（三）信息尋找方式研究

關於信息尋找方式的研究，不同學者從不同視角上給予了分類。Ashford 和 Cummings（1983）首先提出新員工信息尋找的方式主要採用詢問和監測兩種。之後，Ashford（1986）又經過進一步研究，將尋找信息的方式分為主動詢問及觀察學習兩種，其中主動詢問指員工主動詢問公司其他成員，觀察學習指員工通過暗中觀察或親身體驗來學習。Morrison（1993）又將信息尋找的方式拓展為三種：觀察外部環境、直接詢問和參考書面資料。其中詢問是指員工通過直接問問題的方式來獲取所需信息，觀察是指員工通過對周圍的環境和人的觀察來得到所需信息，參考書面資料是指通過組織內存在的書籍資料獲取所需信息。

Comer（1991）認為，新進員工可通過三種方式獲得技術信息或社會性信息，即主動外顯式、被動外顯式及內隱式。其中主動外顯式和內隱式，也即是 Ashford 所提出的主動詢問和觀察學習，被動外顯式是員工被動地由其他同事告知。

從信息尋找戰術的視角，Miller 和 Jablin（1991）基於 Ashford、Cummings、Comer 的研究，進一步將信息尋找行為分為七種戰術：公開戰術、間接戰術、第三者戰術、測試戰術、偽裝性交談戰術、觀察戰術、監視戰術。而 Teboul（1994）對這七種戰術進行了排序，依次為：公開戰術、監視戰術、觀察戰術、間接戰術、第三者戰術、偽裝性交談戰術、測試戰術。Miller（1996）進一步將這七種戰術提煉為五種戰術：公開戰術、間接戰術、第三者戰術、測試戰術、觀察戰術。

從人際關係渠道的視角，Ostroff 和 Kozlowski（1992）將信息尋找方式分為人際關係渠道和非人際關係渠道，其中人際關係渠道包括：上司、同事、師傅；非人際關係渠道包括：出

版物、觀察、試驗。

(四) 信息尋找內容研究

　　Miller 和 Jablin (1991) 將信息尋找的內容分為三個方面：一是參考性信息，即有關工作指導的信息；二是考核信息，即有關工作績效回饋的信息；三是關係信息，即有關於團體其他人關係的信息。Comer (1991) 則認為尋找的信息有兩種類型：與工作相關的技術信息、與員工和工作環境相關的社會信息。Ostroff 和 Kozlowski (1992) 通過研究表明新員工尋找的不只是與工作相關聯的信息，還包括與組織相關的信息。據此，他們將新員工信息尋找的內容歸納為四個方面：工作任務、工作角色、團隊歷程和組織特性。Morrison (1993) 則從組織社會化過程的主要任務的視角來劃分信息尋找的內容，認為組織社會化過程由工作熟練度、角色的澄清、文化傳承、社會性整合等四項主要任務所構成，並據此將信息尋找的內容劃分為五個方面：技術性信息、參考性信息、規範性信息、績效反饋信息、社會性信息。其后，Morrison (2002) 又綜合其他學者及自己之前的研究成果，從三個層面對信息尋找的內容進行了歸納：一是組織層面信息，即與組織價值觀、組織文化、政治權力結構、組織目標、政策、規範或領導方式等相關的信息；二是工作層面信息，即執行工作時所需的知識、技巧、工具或觀念等相關信息；三是角色層面信息，即與工作職責、工作權限、工作範圍等相關的信息。

　　目前國內外關於新員工信息尋找行為的研究主要集中在其概念、起源、方式、內容的研究上，其他方面的研究有涉及但不多。雖然國外關於組織社會化過程中的新員工信息尋找行為的研究已近成熟，但是國內學者在這方面的研究成果仍比較缺乏，代表性的成果僅有石金濤 (2007)，他提出，新員工在進入企業組織時傾向於採取主動尋找信息的行為；新員工沒有因

為工作時間不同、工作經驗不同而表現出不同的信息尋找行為反應或尋找不同的信息內容，但是在信息尋找戰術上有顯著差異；公開戰術和觀察戰術是新員工最傾向於採用的信息尋找戰術，並且對於獲取各類信息有重要的影響作用。另外，王春（2008）基於勒溫（Kurt Lewin）的「個體環境交互作用模式」對新員工信息尋找的影響因素進行了研究，他將影響因素歸納為兩方面：一是個體特徵，包括個人特徵、工作經驗和入職期望；二是組織內部環境，包括信息內容的類型、信息尋找的來源和組織社會化策略。毛凱賢（2015）研究認為，新員工主動行為可以分為角色定位、關係構建和自我提升三類；人格特質、目標取向、自我效能、情境變量對新員工主動行為有顯著預測作用；角色定位、關係構建和自我提升在新員工組織社會化過程中有著明顯的積極作用。

四、組織社會化過程中新員工心理契約相關研究

從現有文獻看，雖然心理契約違背成為國內學者心理契約研究的重點，但研究對象集中在一般員工、管理人員、MBA學員或者是IT員工，對新員工這一特殊群體的研究尚不多見，將研究視角放在組織社會化進程中的研究則更少，以新生代員工為研究對象的研究也接近空白。國內關於組織社會化過程中新員工心理契約的研究的最新探索可分為三個方面。

其一，心理契約對新員工組織社會化的影響研究。王徽等（2013）研究表明，新員工組織社會化會受到心理契約的影響。新員工組織社會化的結構因素包括組織文化社會化、工作勝任社會化、人際關係社會化和組織政治社會化四個維度；心理契約的維度包括規範責任、人際責任和發展責任。實證研究表明新員工組織社會化和心理契約的相關性顯著。

其二，組織社會化進程中新員工心理契約結構、動態變化及違背的研究。在結構維度的研究方面，嚴進（2010）在分別對645名和197名新入職員工進行問卷調查及驗證研究後發現，心理契約包含了員工義務和組織義務兩個層次，其中每個層次又包括了交易義務和關係義務兩個維度，認為心理契約的二維模型能夠最好地擬合數據結果。範丹等（2011）基於文獻分析和對浙江省285名新生代農民工的調查，發現新生代農民工心理契約包含基本責任、情感責任和發展責任三個維度。在契約動態變化及違背研究方面，石金濤、王慶燕（2007）從心理契約具有的內在動態性的角度出發，考察了382名進入企業組織時間在一年半以內的新員工在心理契約預期、心理契約執行與心理契約違背三方面的變化。結果驗證了心理契約在中國具有不同程度的短期動態變化的特性，並且發現，新員工早期工作經驗與心理契約執行中的交易性義務變化有顯著性差異。遊浚（2008）以《新員工心理契約違背研究》為題所寫的博士論文，對新員工心理契約的形成過程、心理契約違背對新員工工作行為作用的主效應、工作滿意度與組織承諾對新員工契約違背的仲介作用以及個人變量對新員工契約違背的影響等進行了專門的研究，其研究在一定程度上彌補了現有文獻對新員工心理契約和行為研究的不足，但其研究視角並未放在組織社會化，也未對組織社會化進程各階段新員工心理契約的動態變化開展研究。陳忠衛（2012）提出初次就業大學生心理契約違背模型，揭示了心理契約發生破裂的前因後果，指出薪酬福利、自我提升、文化觀念、工作環境、發展前景是影響初次就業大學畢業生的心理契約違背的因素，心理契約違背會對個體、企業造成多重的負面影響。賴淑女、陳淑貞等（2014）以軍事院校大學畢業軍官為對象，調查研究結果發現，真實工作預覽程度、組織社會化程度與心理契約違反程度皆具有負向關係，心理契約違反程度與員工個人工作態度負相關；同時發

現了心理契約違反對真實工作預覽、組織社會化與員工個人工作態度的關係具有仲介作用。

其三，組織社會化過程中新員工心理契約與行為的綜合研究。除王慶燕（2008）對組織社會化過程中的新員工信息尋找行為與心理契約進行了實證研究外，尚未搜尋到其他文獻。蔡建群（2008）對管理者與員工之間存在心理契約的可能性及其對員工行為的影響機制進行的專門研究，則為本研究的研究價值和研究思路提供了一定的支撐和借鑑作用。

五、心理契約與職業倦怠相關文獻研究

（一）職業倦怠研究

1. 職業倦怠的定義

關於職業怠倦的定義，至今國內外還沒有比較統一的說法。很多學者從不同的研究角度做出了不同的解釋，特別是國外學者給職業怠倦下的定義非常豐富，而國內學者研究職業怠倦時，大多參考國外學者關於職業怠倦的定義，在此基礎上做出研究。「職業怠倦」這個概念最初由美國學者 Freudenberg（1974）提出，他把職業倦怠定義為「由於工作的壓力過大，工作對工作者過度索取能量、力量或資源而導致工作者的精力耗竭或身心枯竭的一種狀態」。之后，Maslach 和 Jackson（1981，1986）認為職業倦怠是人們在長期的工作中產生的與工作壓力有關的一種心理上的綜合病症，這種症狀主要表現在三個方面：情緒耗竭、去人格化以及個人成就感喪失。他們的研究具有廣泛的影響，后續很多學者都沿用了他們關於職業倦怠的劃分方式。Pines 和 Aronson（1988）將職業倦怠定義為「人們對需要情感的情境的長期捲入導致的身體、情感和心理

的衰竭的一種狀態」。Brill（1984）認為職業倦怠是個體在排除精神病理學原因的前提下，一種由期望所引導和調節的、與工作相關的、煩躁不安的失調狀態。

在國內，學者們對職業怠倦的定義多為參考了國外學者的解釋后根據中國的實際做出的。李超平、時勘（2003）認為，職業怠倦，是指個體因不能很好地、有效地應對工作上的壓力而產生的一種長期性反應，包括情緒衰竭、玩世不恭和成就感缺失。雖然學者們對職業怠倦的定義有所不同，但我們大致上可以認為，職業怠倦是指個體在工作中由於不能很好地處理工作壓力、角色衝突、人際關係等而產生的一系列心理、智力、行為等方面的消極反應。

2. 職業倦怠的影響因素

職業倦怠的影響因素研究主要分為前因變量和結果變量兩個方面。

（1）職業倦怠的前因變量。

職業倦怠的前因變量即造成職業倦怠的員工自身的因素和外部環境的因素，大致包括三個方面：①工作壓力。當人們工作壓力過大或者長久處在較多工作壓力的環境下，就有可能產生職業怠倦。工作壓力這個因素是得到了國內外學者的一致認同的。國內很多學者也研究了工作壓力對員工職業倦怠的影響。如王偉華對339名公務員進行調查，發現工作壓力是導致公務員產生怠倦感的一個重要原因。②角色衝突與角色模糊。角色模糊與衝突是指在工作中工作角色所需要履行的職責不是很清晰或是在工作崗位上所存在的多個角色間的矛盾與衝突。工作中的角色模糊、衝突會造成員工職業倦怠產生是國內外很多研究一致認可的。Harden（1999）的研究就將角色衝突和角色模糊作為工作衰竭的重要前因變量。蔣冬青、易鵬（2009）在研究公務員職業怠倦時，認為公務員的「公共人」（公務員以為人民服務為宗旨）和「理性人」（追求個人利益

最大化）兩種角色間的衝突是造成公務員職業倦怠的一個重要因素。③人際關係。關於職業倦怠的一些研究表明，經常需要與人打交道的工作更容易產生職業倦怠，而且工作上人際關係越差，員工的職業倦怠感可能會越強。例如服務業就需要員工保持較高的服務熱情和態度（保持微笑），這種長期的微笑服務就可能會在一定程度上對員工造成強迫感，而這種感覺的長期累積有可能會造成員工的職業倦怠。

（2）職業倦怠的結果變量。

根據國內外文獻，我們發現職業倦怠會對員工產生消極的影響，這些影響主要包括身體方面、智力方面、心理方面和行為方面的影響。①身體方面。如果員工產生了職業倦怠感，就容易出現深度疲倦、失眠、頭暈眼花、噁心、感冒等症狀，嚴重的會出現睡眠紊亂——有時候會失眠，緊張亢奮，有時候又會睡眠過多，只要有時間就會睡覺。有些人甚至會體重驟減或突增，以及患上突發性疾病等。②智力方面。職業倦怠會對員工的智力產生一定影響。在面對大量的信息時有職業倦怠感的員工會手足無措，無法有條理地處理好大量的事情，他們很難將自己的注意力集中在一件事情上，往往是做著一件事情的時候開始考慮另外的事情，並且在做決策時經常會出現猶猶豫豫、拖延等問題。③心理方面。當人們出現職業倦怠時，心理方面的影響主要反映在人們的情緒上，可能會表現出憤怒、恐懼、焦慮、冷漠、緊張等不良的情緒，在這些情緒影響到工作之后又會出現內疚、沮喪等一些情緒問題，甚至會在情緒上出現惡性循環。④行為方面。行為方面的反應表現為：壓抑自己，使自己躲避在自己的空間中，沒有心情與別人交流，有時甚至會出現害怕與別人交流的心理；與同事關係漸漸疏遠，在工作上表現出漠不關心、熱情減退、積極性下降，稍有不如意就怨天尤人。當然個體的種種不良的反應會繼而影響組織的正常運行，特別是像公務員這樣的服務類組織。

3. 職業倦怠的測量量表

在研究中最為廣泛應用的職業倦怠測量量表是 Maslach 倦怠問卷（Maslach Burnout Inventory，MBI），該量表被證明擁有良好的信度和效度。隨著量表不斷運用到各種研究中，一些研究者發現，當在一些特殊的行業使用 MBI 量表時，量表中情緒衰竭與人格解體兩個維度會在一定程度上發生重疊，因此，Maslach 和 Schaufeli 等人將 MBI 調查重點由人與人之間的關係修改為人與工作之間的關係，形成修訂版本 MBI-GS，原有理論中的三個維度也變成了情緒衰竭、玩世不恭和無效能感。此外，還有 Shirom 等人開發的 S-MBM 職業倦怠量表。近年來，隨著中國職業倦怠研究深入，國內學者將國外的職業倦怠量表引入中國的情境，根據中國員工的實際情況開發了本土化的職業倦怠測量量表。其中，李超平和時勘修訂過的 MBI-GS 被使用得比較多，他們對修訂的量表進行實證分析，結果表明：情緒衰竭、成就感低、去人格化三個維度的內部一致性系數分別為：0.88、0.82 及 0.83，量表具有較好的信度和效度。另外，也有一些學者如李永鑫、吳明證也嘗試著編制了適用於中國員工的職業倦怠問卷，包含情緒耗竭、人格解體和成就感降低三個維度，每個維度下有 5 個題目，量表共有 15 個題目，經實踐檢驗，該問卷的信度與效度較好。

4. 公務員職業倦怠

國外對公務員職業倦怠的研究很少，但中國學者對公務員職業倦怠的研究較為豐富，大致上可以分為兩類。一類對公務員職業倦怠的成因進行了研究。朱萱子（2009）認為組織支持感不足是公務員產生職業倦怠的主要原因。韓艷萍和張媛（2011）認為公務員職業倦怠是社會環境、政府組織和公務員自身三方共同作用的結果。繆國書（2012）基於雙因素理論視角對公務員職業倦怠現象進行探析，認為職業個體與工作之間的不協調關係、工作挑戰、激勵匱乏等因素是公務員職業倦

怠現象的主要影響因素，通過「雙因素」理論中激勵因素的六個維度引入工作特徵模型，提出以增強工作競爭激勵性為主要宗旨，建立相應機制，以此預防和消解公務員職業倦怠。李景平（2012）主要研究了工作壓力在公務員職業倦怠現象產生過程中的影響作用，認為職業倦怠是工作負性壓力長期累積的結果，就壓力範疇而言，工作負荷、角色壓力、組織局限性壓力是影響公務員職業倦怠的主要因素。另一類研究主要是針對公務員的職業倦怠問題提出相應的解決對策。如陳雲華（2008）認為解決公務員的職業怠倦在於公務員的管理體制完善，要通過考評體系、人事任免制度和培訓制度的完善來降低他們的職業倦怠感。江姍姍和焦永紀（2010）提出通過建立長效的檢查機制，經常檢驗員工的心理和行為，對公務員出現的倦怠問題及時地進行處理以干預職業怠倦，降低職業倦怠對員工與組織的不利影響。

（二）心理契約與職業倦怠相關關係的文獻研究

國內外有大量的學者對心理契約與員工行為的相關關係進行了大量的實證研究。Robinson（1994）認為心理契約能夠決定員工的工作態度和行為。Rousseau（1990）認為心理契約的違背能導致強烈的情緒變化，員工會義憤填膺，對組織不滿，進而會出現業績下滑、怠工缺勤、辭職等問題。Turnley（2005）認為心理契約的違背與員工的抱怨和曠工行為具有相關關係。此外，還有很多學者研究了心理契約違背與組織承諾、工作滿意度、角色內業績或行為、公民道德行為、工作努力等員工的積極態度和行為呈現負向相關關係；而與員工怠工、心理壓力、缺勤、消極的情感、離職意向等消極態度和行為呈現正向相關關係。這些研究都能夠證明心理契約與員工行為及其員工職業倦怠具有相關的關係，這也就為我們下一步研究基層公務員心理契約與職業倦怠的關係提供理論依據。中國

的研究也發現心理契約與員工工作態度、各種不良行為的產生具有一定的聯繫。學者們基於此探究了心理契約與職業倦怠的關係。如王建（2005）研究發現，心理契約的違背與員工消極的工作態度和行為有關，而且關係維度心理契約違背和交易維度心理契約違背導致員工情緒衰竭感增強。康勇軍和屈正良（2011）將工作滿意度作為仲介變量，研究了教師心理契約與職業倦怠的相關關係，表明心理契約與職業倦怠呈負相關關係。

六、勞動關係及其預警協調機制的相關研究

隨著經濟體制轉型的逐步深入，勞動關係問題開始成為中國學術界的熱點議題。包括經濟學、管理學、社會學、政治學、歷史學等多個學科的研究者均從不同角度切入，對中國當前勞動關係及其問題進行了多方面、多層次的思考和研究。本部分主要歸納和提煉了經濟學領域的一些專家和學者對現階段中國勞動關係的特徵、衝突的形成原因等問題的研討和爭論，以及他們在思考中國勞動關係如何走向合作、和諧的問題時，就政府的相關職能、工會的作用、實現勞資合作共贏的具體途徑所進行的思考。

（一）勞動關係及其特徵研究

關於勞動關係的內涵，羅寧（2013）提出，勞動關係作為一種複雜的社會關係和生產關係，其實質是不同的要素所有者在相互結合以進行生產活動並獲得收益的一系列過程中所形成的衝突與合作的關係。

就勞動關係特徵而言，專家學者們分別從勞資雙方力量對

比、相對強弱以及市場競爭三個方面進行了歸納和總結。① 盧現祥（1999）認為，轉型期勞資關係呈現不平等性、不穩定性、契約的不完全性和三方機制不健全等特徵，在非公有制經濟範圍內，勞資雙方力量的對比更有利於資方。姚先國（2005）認為，轉型時期民營企業的勞資關係，實質上是相對的弱資本與絕對的弱勞動的關係，協調勞資關係的關鍵在於對物質資本產權和人力資本產權做出合理界定，實行同等保護，從而為勞資互利雙贏創造制度條件。周其仁（2008）則指出，要用一種經濟思維而不是階級鬥爭的思維來看勞資之間的矛盾，維護員工的利益，讓企業競爭大過勞務競爭，以市場的力量來改善勞資關係。關於勞資衝突形成的原因，國內存在著雇傭論、單一產權論和市場供求論等觀點。常凱（1995）認為，私營企業勞動關係為雇傭勞動的本質特點，使勞資雙方處於利益衝突甚至階級衝突之中，這是私營經濟的一般屬性。姚先國（2005）也認為，在雇傭制度條件下，勞資衝突具有內在的必然性。企業主是資本的人格化代表，資本必然追逐利潤最大化，如果沒有來自外部的有效約束，這種逐利行為往往會導致企業主侵犯勞動者的正當權益。王珏（2004）基於勞資產權制度的研究指出，人們根深蒂固的財產觀是把有經濟價值的有形物（如土地、工具、貨幣等）和某些無形物（如商標、專利等）看作是財產，現有和曾經出現的一切社會制度法律上都沒有把人的勞動力當作財產來對待，這種單一的產權制度必然會形成勞資矛盾。蔡昉（2008）則認為，在勞動力豐富從而勞動力市場供大於求的條件下，勞動者在雇傭關係中經常處於不利的地位，易於受到不平等對待；雇主違反勞動立法，侵害勞動者利益的現象時常發生，勞動者的工作條件和待遇也不盡

---

① 由於勞資關係研究對勞動關係研究有重要的借鑑意義，故此處也包含勞資關係相關研究綜述。

如人意，這種不平等現象必然會加大勞資之間的矛盾，誘發勞資衝突。

對於轉型期中國勞動關係如何從對抗走向合作，由衝突走向和諧的問題，國內的專家學者們除了基於中國勞動關係的特徵以及勞資衝突形成的原因等方面提出相關的建議與對策外，更多的人從當前中國的現實出發，著重就政府與工會這兩個勞資關係中的關鍵角色的行為與作用，展開了廣泛的討論與深入的思考。對於勞動關係中政府行為問題，學術界大致有著第三方主體說、政府主導過渡說以及發展轉折說等觀點。楊瑞龍（2004）認為，政府作為勞動關係的第三方主體，在保護勞方合法權益方面的不力，必然導致勞方選擇契約的其他執行方法，使得契約的實施由公共強制倒回私人秩序進而導致暴力的無序使用，危及社會穩定。夏小林（2004）指出，治理勞資關係首先要致力解決政府目標與行為的二元結構偏差，端正目標，強化理性干預機制；在法律法規體系和工會、雇主組織發育都不完備的市場中，對日益凸顯的勞資矛盾，政府應該發揮行政優勢，先形成政府主導型的勞資關係調整模式，再逐步向非政府組織的勞資關係調整轉移，政府實行適當監管和裁判。蔡昉（2008）認為，作為改革特別是勞動力市場發育以及經濟發展的結果，中國經濟已經進入一個以勞動力無限供給性質逐漸改變為表徵的轉折點，在這個發展階段的轉折點上，政府應該積極地通過立法和各種規制，保護普通勞動者的利益和權益。

（二）勞動關係預警機制研究

勞動關係管理在企業人力資源管理領域日益受到重視，但是勞動關係問題往往「潛伏」於人力資源管理的各個環節中。因此，在企業人力資源管理相對成熟的今天，建立基於人力資源管理的勞動關係預警機制具有重要意義。通過文獻梳理，不

難發現目前國內學者對勞動關係預警的研究主要從四個角度著手。

　　一是關於勞動關係預警組織體系構架的研究。胡曉東（2010）著眼於人力資源管理的各個環節，提出從招聘、培訓、薪酬福利、績效管理、職業發展五個方面來構建基於人力資源管理的勞動關係預警機制，這樣不僅在人力資源管理各個基礎工作中可以發現潛在的勞動關係問題，而且可以把這種潛在矛盾消滅在萌芽狀態。李輝（2011）以天津港的勞動關係存在的問題為例，從天津港的組織體系、環節管控、明確要求三個角度探析建立勞動關係預警機制的具體措施，認為組織體系可以成立企業勞動關係預警處置委員會，設立企業勞動關係預警處置辦公室，建立企業勞動關係預警信息網路，明確三級預警信息網的節點責任人，並從預測、預報、預防三個環節來管控，以及應對培訓、預案演練、責任與獎懲做出明確的要求。李恩平、卞永峰（2013）在分析中國中小企業新生代農民工勞動關係預警研究現狀的基礎上，構建了中小企業新生代農民工勞動關係預警組織架構，並闡述了各個組織之間的運作流程，從而得出中小企業應設立與勞動關係預警相關的獨立機構，同時在其他部門內部增加預警職能；當新生代農民工勞動關係發生重大危機時，應建立非常規預警流程，及時化解矛盾，解決危機，促進中小企業構建和諧的勞動關係。

　　二是關於建立勞動關係預警指標體系的研究。學者們認為，企業勞動關係預警的重點在於企業勞動關係穩定與和諧的程度，因此，必須充分挖掘企業內部影響勞動關係質量的相關因素，建立有效的勞動關係預警指標體系。張軍（2010）從預警指標體系和預警信號系統的構建來探討企業勞動關係預警，將企業勞動關係預警指標體系分為契約指標和競爭指標，將企業勞動關係的信號系統分為「綠─黃─紅」三個階段，並針對勞動關係預警信號系統所處的不同階段提出了相應的對

策措施。卞永峰（2013）以山西省為例，在分析中小企業新生代農民工勞動關係現狀的基礎上，運用定性和定量相結合、主觀和客觀相結合的方法，構建了中小企業新生代農民工勞動關係預警模型，以對企業勞動關係運行狀態進行及時監測，提出相應的預防和干預措施，促進中小企業構建和諧的勞動關係。他根據預警體系的全面性和獨立性要求，將預警指標分為一般性指標和敏感性指標，運用四區域法將預警區分為極度危險區、危險區、防範區和正常區，分別對應著紅、橙、黃、綠4種顏色的信號燈。陳海玉、郭學靜（2013）以山東省某公立醫院為例，針對醫院在勞動關係管理方面存在諸多不規範甚至不合法之處，導致勞動爭議頻發、員工工作積極性及對醫院的忠誠度下降的這一現狀，運用層次分析法提出了構建勞動關係預警指標體系，並將其納入 PDCA 績效管理循環，通過計劃、監控、考核、診斷、改進等措施，確保醫院勞動關係的和諧與穩定，促進醫院和員工共贏發展。

　　三是關於發揮工會組織在勞動關係預警機制中的作用的研究。學者們普遍認為，工會組織在企業建立勞動關係預警機制，目的是通過預測、預報和預防等措施，及早發現勞動關係矛盾，及時排查勞動爭議隱患，切實履行好「第一知情人」「第一報告人」職責。這也是對工會落實科學發展觀、加強社會管理和社會服務的必然要求，是工會履行維護職工合法權益基本職責、協調穩定勞動關係、推動構建和諧社會的重要手段。張錦清、金位群（2011）從建立和完善暢通的信訪信息機制、平等的信訪對話機制、信訪解決機制三個方面來對工會組織建立勞動關係預警機制。張小宏（2012）提出了協調勞動關係的工會視角：工會的集體協商工作是在勞動力市場化之後，在生產要素之間公平合理分配的最有效的運行機制，是工會協調勞動關係、維護勞動者權益的基本方式；工會協調勞動關係一定要在法律的框架內進行，這也是工會在推進這項工作

時必須要遵守的原則。許曉軍（2011）研究提出，符合中國國情的工會行為模式，是在法律制度框架下表達、維護和實現勞動者權益，以合作博弈方式達成勞資之間的利益平衡。楊文霞（2012）認為，通過構建和諧勞動關係維護職工合法權益，是工會參與社會管理創新的路徑選擇；工會要在服從黨和國家工作的大局中維護職工權益，在黨委領導、政府負責、社會協同的格局中科學定位自己的職責和作用，在參與、配合、協助、協調、引領、教育的維度內創新工作思路和工作方法。易江（2012）提出工會應該通過測量管理學、行為學、心理學、社會學和經濟學等五個影響勞動關係臨界點的指數，做好預警維護，降低勞動關係風險；工會必須採取具體的措施來增強勞動者勞動感受，提升勞動者心理承受力，平衡勞動者優越感，回應勞動者需求和滿足勞動者再生產預期。另外，浙江湖州市總工會辦公室（2013）不斷深化開展勞動關係預警調處工作，提出勞動關係預警調處網路：一是組織領動，提高工作重視程度；二是四級聯動，暢通職情信息渠道；三是分層促動，實現預警調處有效銜接。祝映蘭（2013）提出，以經費為核心的工會財權並未得到有效配置，並進而影響以工會基本職責為核心的事權的有效運行。張錦清（2013）以浙江義烏市總工會為例，剖析了浙江義烏市總工會通過「三個三」不斷強化勞動關係預警機制建設所取得的效果，工會通過建立和完善三級維權網路機制、建立和完善「三大員」信息暢通機制、建立和完善「三借」矛盾調解機制，將勞動爭議化解在源頭和基層，使工會組織在維護職工合法權益基本職責、協調穩定勞動關係、推動構建和諧社會等方面發揮積極作用。

四是關於預警聯動機制的建立的研究。學者們認為，市場經濟轉型過程中勞資矛盾日益突出，勞動關係預警機制必然符合構建和諧勞動關係的要求，其目的不僅僅是保護勞動者的權益和維持企業的產業活動，而且突破了勞資雙方的契約關係，

關係到社會的安定秩序，尤其是政治秩序。在達成這些目的過程中，勞動關係預警機制將可能產生一系列副作用，導致政府過度干預勞動契約以及政治秩序一元化目標下對法治進程的影響。基於此，周瓊英（2011）認為勞動關係預警和處置機制，能靈敏、準確地昭示勞動關係風險前兆，可以防風險於未然，及時發現和化解勞動關係中的矛盾、糾紛，防範突發性、群體性重大事件的發生；建立健全勞動關係預警和處置機制，需要有完整的預警信息採集、分析和研判機制，並建立完善的應急處置機制，還應和各相關部門建立信息聯動機制，形成合力，有效預防和減少勞資矛盾；同時，勞動保障監察部門也要組織相關培訓，加強法律宣傳，強化服務職能。劉金祥、高建東（2012）提出分別基於企業人力資源管理和三方協商制度建構勞動關係預警機制的兩個途徑，前者是保障勞動契約的自由而做出的選擇，而后者體現政府對勞動關係的干預作用，與前者相互配合，共同建構起勞動關係預警機制。

（三）勞動關係協調機制研究

綜觀近幾年勞動關係協調機制的研究成果，中國學者主要從現行的勞動關係協調機制存在問題、問題產生的原因以及勞動關係協調機制的優化這三個方面對勞動關係協調機制做出了研究與探討。

一方面，對現在的勞動關係協調機制中存在的問題和其原因進行研究探討。根據現有文獻，現行的勞動關係協調機制中主要存在三方面的問題。一是勞動法律法規不完善和勞動執法不到位。如沈琴琴（2011）基於制度變遷視角對勞動關係協調機制工資集體協商研究時，發現工資集體協商的強制性法律規範缺失，現行的工資集體協商的立法層次較低。程延園（2011）則認為中國在勞動標準立法方面存在的主要問題，不在於沒有法律規定，而是在於一些強制性的勞動標準由於超出

了許多中小企業可承受的勞動力成本、管理成本範圍，管理實踐脫節，使得勞動標準沒有得到切實執行。二是勞動關係中工會、雇主組織的作用發揮不充分。如沈琴琴（2011）提到在中國現行的集體協商制度中缺乏行業層面的雇主組織，企業層面工會組織處於弱勢地位。李麗林（2012）提到在中國的三方協商機制中，政府發揮著主導性，既沒有資方代表參與，勞方代表的人數與政府人員相比也少得可憐，勞資代表組織的不完善使其獨立性與代表性都備受質疑。徐岩（2013）認為在現行三方聯動機制中，企業方力量整合不夠，即作為職工方代表的工會是統一的，但企業方卻存在著多元化雇主代表組織，如企聯、工商聯、私個協等，每一個團體都無法涵蓋所有類型的企業。三是社會共同治理勞動關係的體制機制不健全。如李良志、周挺（2012）提出在企業勞動關係治理中，除雇主、員工和政府三方之外，還要關注社會其他利益相關者的利益訴求，達到相關利益者的利益均衡，企業勞動關係和諧才有堅實的基礎。

另一方面，是關於優化勞動關係協調機制的對策研究。一是強調發揮勞動關係中各個主體的作用。如李繼霞（2011）認為，健全勞動關係的各方主體是有效發揮勞動關係協調機制作用的前提，完善中國勞動關係協調機制必須面對和研究罷工權、工會及雇主組織等三個重大問題。李良志、周挺（2012）以利益相關者理論為依據，從企業勞動關係利益相關者，即股東、員工、政府、消費者、社區四類主體對勞動關係的影響出發，提出要通過加強企業勞動關係核心圈利益協調，發揮政府規制企業勞動關係利益相關者行為的作用，關注外部利益相關者對企業勞動關係的影響，構建企業勞動關係協調的長效機制。陳軒明（2013）主張通過構建以合作為前提的勞動利益協調機制、確立協商對話主體地位及資格、發揮管理與服務結合的政府職能、建立勞資爭議處理聯動機制來使勞動關係協調

機制發揮會更好的作用。二是從法學角度提出完善中國的勞動立法和制度。如鄭東亮（2011）提出建立和完善多層次、多渠道的協調機制，在對現有勞動標準進行梳理評估基礎上，提出要針對性地調整和修訂現有勞動標準，適當提高立法層次、增強可操作性、廢止不適應形勢發展的勞動標準。徐岩（2013）通過比較國內外現行的勞動關係協調機制，提出推動確保勞動關係協調的立法。三是提出通過獲取資源、稅費減免等政策來引導企業行為。如胡磊（2014）提出政府可將勞動用工規範、依法繳納社會保險、工會組織健全、建立職代會和工資集體協商制度等作為勞動關係和諧企業的評選標準，把勞動關係和諧作為推薦企業經營者為勞動模範、五一勞動獎章獲得者、優秀企業家等榮譽的重要條件，引導和鼓勵各類企業優化勞動關係。四是健全勞動關係風險預防預警機制。如包曉佳（2010）認為企業應當建立由公司監督機構、勞動爭議調解部門、行政管理部門、人事部門、安全保衛等部門的人員組成的勞動關係預警機構，落實工作責任。胡磊（2014）提出政府要密切關注和及時研究勞動關係變化及其影響因素，建立健全亮不同顏色「警示燈」和源頭預防、分級調處的體制機制，積極預防和處理勞資糾紛及其引發的群體性事件。

七、文獻研究小結

綜上所述，目前國內外關於心理契約及勞動關係的研究成果均較為豐富，但仍然存在以下問題或研究的空間：

（1）現有文獻關於心理契約違背（包括違背過程及結果等）的研究成果，均屬於描述性成果，而對於員工與組織之間交互影響的理論模型的構建，特別是將心理契約履行情況產生的心理效應進行定量刻畫且納入分析模型，用以分析組織和

員工的交互影響及行為選擇等的研究，目前除本書作者以外，尚無他人。

（2）現有文獻中，基於組織社會化視角並以新員工為研究對象的心理契約研究文獻不多，基於員工與組織交互視角開展的心理契約研究基本屬於空白。同時，學者們關於心理契約維護與管理的建議較為籠統，並未對不同心理契約類型提出具體的管理建議。

（3）心理契約和職業倦怠的理論及實證研究也已非常豐富，形成了完整而又全面的理論體系，有較為清晰的概念、內容維度、相關影響因素，這也就為我們的研究提供了足夠的理論依據。但就目前的研究看，少有作者基於心理契約角度談職業倦怠管理干預對策，或者只是從理論的角度談論心理契約對職業倦怠的影響；對基層公務員群體中心理契約與職業倦怠的實證研究相對較少；尤其是將理念型心理契約與交易型心理契約、關係型心理契約加以區分，研究不同類型心理契約與職業倦怠相關關係的實證研究還很少。

（4）現有關於勞動關係預警和協調機制方面的文獻，一方面重視政府和工會的作用，少有從企業管理的層面開展研究，即便從企業角度出發的研究成果，也過多地強調人力資源管理部門，甚至將人力資源部作為預警的最高決策機構，忽視了企業高層、中層以及基層部門在勞動關係預警及協調中的重要作用；另一方面，現有成果中預警和協調機制的建立均以預防和處理勞資糾紛為出發點，忽略了對隱性契約違背導致的勞動關係失調或破裂等的預警和協調。此外，現有文獻缺乏對多層次預警運作主體及其職責的研究以及對預警運作系統的研究。

第三章

基於心理契約的員工與組織行為交互的博弈分析

本部分將組織與員工之間心理契約履行產生的心理效應納入分析框架，通過建立一個不完全信息動態博弈模型，對組織與員工偽裝或是暴露其契約類型的行為選擇的動機、條件以及雙方行為的交互作用等進行理論分析，幫助組織或管理者理解、引導、預測和管理員工的心理與行為，為組織有效設計員工激勵機制、管理員工心理契約、構建和維護和諧勞動關係等提供科學依據與支撐。

一、模型假定

為便於分析，本書做如下假定：

（1）假定組織 O 和員工 E 為博弈的參與雙方，且員工心理契約為關係型對雙方而言是共同知識。

（2）假定員工行為滿足拉賓（1993）提出的「投桃報李」的基本假定：①人們通常樂意在犧牲一些自己的物質福利的情況下去幫助那些好人；②人們通常也樂意在犧牲一些自己的物

質福利的情況下去懲罰那些壞人；③當犧牲自己的物質成本變得較小時，來自①②中的動機在行為上產生的效應會變得較大。因此，員工一旦認為組織偏離關係型心理契約，則認為其心理契約遭到違背，表現出失望、產生消極情緒。為將心理效應植入經濟模型，我們假定這些消極反應直接影響企業盈利，會為其帶來利潤損失。

（3）假定組織的心理契約是私人信息，且其心理契約類型存在兩種可能，即交易型和關係型。員工則通過觀察組織的行動來推測其類型，然后選擇自己的最優行動。假定員工通過組織對其提供的回報方式判斷其類型，回報方式存在兩種可能的情況：

①純物質型回報（material payoff），即組織為員工提供與績效水平掛鉤的物質回報，記為 $S_m = S(\pi) = \alpha + \beta\pi$，可以理解為現實中的基本工資加績效提成。

②仁慈型回報（kind），即組織不僅為員工提供績效掛鉤的物質回報，而且關心員工個人問題、為員工提供職業發展等機會，記為 $S_k = S_m + C_s = S(\pi) + C_s$，其中 C_s 可看作組織為員工提供額外支持付出的成本。

換句話說，組織行動組合 $A_O = \{物質型，仁慈型\}$，對應的回報分別為 S_m，S_k，且 $S_m < S_k$。

（4）員工自身屬於關係型心理契約，並且組織也知道員工屬於關係型心理契約，因此，按照互惠互利、公平等原則，員工最希望組織為自己提供仁慈型的回報，同時員工也最願意為對自己提供仁慈型回報的組織效力（表現為工作敬業）。因此，假定當員工觀察到組織為其提供的回報為仁慈型回報時，則做出組織屬關係型心理契約的判斷，會選擇敬業，若員工觀察到組織為其提供物質型回報，則認為組織為交易型心理契

約，相應地選擇盡職①。同時，若員工判斷組織屬於交易型，則認為組織違背了雙方之間的心理契約，會產生相應的消極情緒或報復行為，這可以認為是本博弈的博弈規則。

（5）假定員工在觀察到組織行動並對其類型進行推測後，可選擇的行為包括敬業與盡職，即員工行動組合 A_E = {敬業，盡職}。相對於盡職，員工選擇敬業需多付出努力（成本計為 C_e），績效會在 π 的基礎上增加 S_a。面對不同類型的組織，員工選擇盡職時自身效用的變化是有差別的。根據「投桃報李」的假定，若盡職的員工得到組織純物質性回報，員工感到組織違背心理契約，會產生消極情緒，由此帶來的員工自身效用的減少（用 C_n 表示）。同時，員工盡職工作意味著會放棄一些對企業有利的投資項目或機會，使得企業產生利潤損失（用 S_b 表示）。若盡職的員工得到組織仁慈型的回報，一方面會感激組織的仁慈，另一方面會因自己未敬業工作而感到羞愧或歉意，產生負效用記為 C_b，同時員工可能停止對企業不利的某些行為，使得企業利潤增加（用 S_d 表示），這有點「將功補過」以盡可能挽回企業損失的意味。

二、模型的建立及分析

（一）博弈過程

構建一個組織與員工兩者參與的兩階段博弈，博弈過程

---

① 盡職即按照正式職責要求完成工作（即完成職務內績效），敬業指同時完成職務內與職務外績效。其中，職務外績效主要是組織公民行為，包括承擔更多的責任、加班、幫助同事等。敬業與盡職的最大區別在於，敬業意味著雇員具有為維護企業利益（如忠誠於企業，為利益相關者帶來正的效益）而放棄自身某些利益的利他的一面。

如下：

（1）「自然」選擇組織類型 $\theta_O \in \Theta$，$\Theta = \{\theta_r, \theta_t\}$（其中 θ_r 表示關係型，θ_t 表示交易型）為組織的類型空間，組織知道自己類型，但員工不知道，只知道組織類型 $\theta = \theta_r$ 和 $\theta = \theta_t$ 的先驗概率分別為 $P(\theta_t) = \mu$，$P(\theta_r) = 1 - \mu$。

（2）自然選擇之後，組織開始行動，決定該時期為員工提供的回報方式 S_m 或者 S_k。值得注意的是，由於組織預測到自己的行動將被員工利用，因此，為爭取員工最大程度的努力水平，存在設法傳遞對自己最有利的信息達到偽裝的動機，即交易型組織有可能提供 S_k 而非 S_m 以達到隱藏自己為交易型組織的目的。

（3）員工在觀察到組織行動后，修正對組織類型的先驗概率 $P(\theta)$，然后從自己的行動組合 A_E 中選擇自己的最優行動。若員工認為組織屬交易型，則會選擇盡職工作，反之則敬業工作。

（二）博弈順序

假定博弈分兩階段（$t = 1, 2$）進行。

第一階段（$t = 1$）：

組織向員工承諾，只要員工努力工作，即可得到有吸引力的回報。組織的這一承諾構成員工心理契約項目。員工知道自己的類型，但不知道組織屬於交易型還是關係型，以 μ 的先驗概率認為組織屬於交易型，以 $1 - \mu$ 的概率認為組織屬於關係型。

假設組織以預付回報的形式傳遞其契約類型的信息。如果組織屬於交易型，選擇以上兩種回報方式的支付分別為：$-S_m$，$-S_k - C_0$。如果組織屬於關係型，選擇以上兩種回報方式的支付分別為：$-S_m - C_0$，$-S_k$。C_0 可以理解為偽裝成本。相應地，對應於組織支付的回報方式，第一階段員工的支付分

別為 S_m 和 S_k。

如果 $C_0 > C_s$，所以有 $-S_m > -S_k - C_0$，$-s_m - c_0 < -s_k$，即交易型組織單階段最優選擇是 $S = S_m$，關係型組織的單階段最優選擇為 $S = S_k$。如果 $C_0 < C_s$，交易型和關係型組織單階段最優選擇都是 S_m。

第二階段（$t = 2$）：

若員工選擇敬業，組織是交易型或者關係型時雙方的支付分別為 $(\pi + S_a, S_m - C_e)$ 和 $(\pi + S_a, S_k - C_e)$；若員工選擇盡職，組織是交易型或關係型時雙方的支付分別為 $(\pi - S_b, S_m - C_n)$ 和 $(\pi - S_b + S_d, S_k - C_b)$。

可以證明，在完全信息情況下，若組織為交易型，員工選擇盡職；若組織為關係型，員工選擇敬業。圖3.1為本博弈的擴展式表述。

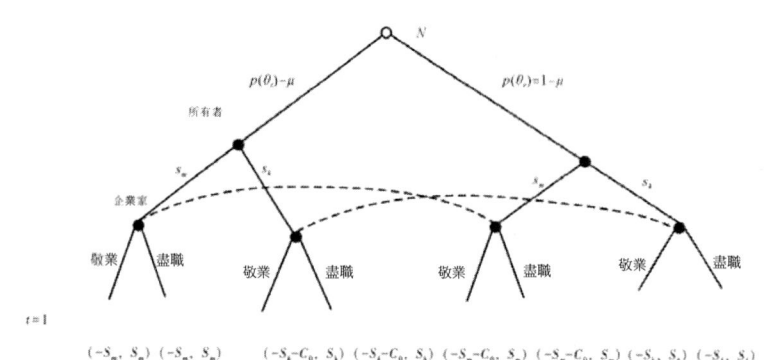

圖3.1 博弈的擴展式表述

三、員工與組織行為選擇及其條件分析

根據以上描述，以下我們對員工選擇敬業的條件、交易型

組織和關係型組織偽裝的條件以及雙方均實事求是、真實暴露自己的類型的條件進行討論。

（1）員工選擇敬業或盡職的條件。

根據圖 3.1 可知，給定組織是交易型，員工敬業的支付為 $S_m - C_e$；給定組織是關係型，員工敬業的支付為 $S_k - C_e$，而對應的員工選擇盡職的支付分別為 $S_m - C_n$ 和 $S_k - C_b$。當且僅當

$$\mu(S_m - c_e) + (1 - \mu)(S_k - c_e) \geq \mu(S_m - c_n) + (1 - \mu)(S_k - c_b)$$

即 $\mu \leq \dfrac{C_b - C_e}{C_b - C_n}$（$C_e \geq C_n$），員工選擇敬業，否則員工選擇盡職。

（2）交易型組織偽裝為關係型組織的條件。

若員工觀察到 $S = S_m$，就認為組織是交易型，即 $\tilde{p}(\theta_t | s_m) = 1$；觀察到 $S = S_k$，就認為組織屬於關係型，$\tilde{p}(\theta_t | s_k) = 0$。給定這個后驗信念，我們知道，當且僅當員工觀察到 $S = S_k$，員工才會選擇敬業，否則員工將選擇盡職。因為 $C_n \leq C_e$，$S_m - C_e < S_k - C_n$ 成立，即員工選擇敬業的支付小於盡職的支付。

對於交易型組織而言，如果選擇 S_m，第一階段的支付為 $-S_m$，第二階段支付 $\pi - S_b$，選擇 S_m 的總支付為 $\pi - S_m - S_b$；如果偽裝關係型組織，即選擇 S_k，則第一階段的支付為 $-S_k - C_0$，第二階段支付 $\pi + S_a$，總支付為 $\pi - S_k + S_a - C_0$。因此，當且僅當偽裝的總支付大於實事求是的總支付，即 $\pi - S_k + S_a - C_0 > \pi - S_m - S_b \Rightarrow S_a + S_b > C_0 + C_s$，交易型組織會偽裝為關係型組織。

這表明，敬業為組織增加的淨績效大於組織淨成本時，交易型組織偽裝有利可圖，存在偽裝動力。

（3）關係型組織偽裝為交易型組織的條件。

如果關係型員工選擇 S_k，第一階段的支付為 $-S_k$，第二階段支付 $\pi + S_a$，選擇 S_k 的總支付為 $\pi + S_a - S_k$；如果他偽裝交易型組織選擇 $-S_m$，則第一階段的支付為 $-S_m - C_0$，第二階段支付 $\pi - S_b + S_d$，總支付為 $\pi + S_d - S_b - S_m - C_0$。

當且僅當 $\pi + S_d - S_b - S_m - C_0 > \pi + S_a - S_k$，即 $S_d + C_s - C_0 > S_a + S_b$，關係型組織偽裝成為可能。

也就是說，盡職的員工在得到組織仁慈回報後停止不利行為而挽回的組織損失與組織的支持成本之和減去偽裝成本大於敬業為組織增加的淨績效時，關係型組織存在偽裝動力。

（4）雙方均實事求是、真實暴露自己的類型的條件。

根據②和③，$C_0 + C_s > S_a + S_b$，交易型組織不會偽裝；$S_a + S_b > S_d + C_s - C_0$，關係型組織不會偽裝。聯立求解可知，$C_0 > \dfrac{S_d}{2}$，即當偽裝成本大於盡職的員工良心發現為其挽回的損失的一半，無論何種類型的組織均不會選擇偽裝自己。

四、博弈均衡求解

根據以上分析，分 $\mu \leq \dfrac{C_b - C_e}{C_b - C_n}$ 和 $\mu > \dfrac{C_b - C_e}{C_b - C_n}$ 兩種情況求解該博弈的均衡：

（1）$\mu \leq \dfrac{C_b - C_e}{C_b - C_n}$，當 $S_a + S_b < C_0 + C_s$ 且 $S_a + S_b + C_0 > S_d + C_s$ 即 $s_d + c_s - c_o < s_a + s_b < c_0 + c_s$，本博弈存在唯一的精煉貝葉斯均衡（分離均衡）是：$\theta_t \rightarrow S = S_m$，$\theta_r \rightarrow S = S_k$，$\tilde{p}(\theta_t \mid S = S_k) = 1$，$\tilde{p}(\theta_t \mid S = S_m) = 0$。即交易型組織選擇 $S = S_m$，關係型組織選擇 $S = S_k$；如果觀測到 $S = S_k$，基於

$\tilde{p}(\theta_t \mid S = S_m) = 0$，員工敬業；如果觀測到 $S = S_m$，基於 $\tilde{p}(\theta_t \mid S = S_k) = 1$，員工盡職。

（2）當 $\mu > \dfrac{C_b - C_e}{C_b - C_n}$ 時，$S_a + S_b < C_0 + C_s$ 且 $S_a + S_b < S_d + C_s - C_0$，本博弈唯一精煉貝葉斯均衡是：$\theta_t \rightarrow S = S_m$，$\theta_r \rightarrow S = S_m$，$\tilde{p}(\theta_t \mid S = S_k) = 1$。即無論交易型還是關係型組織均選擇 $S = S_m$。當且僅當觀測到 $S = S_k$，基於 $\tilde{p}(\theta_t \mid S = S_k) = 1$，員工敬業。

五、研究結論與管理啟示

通過分析，本研究得出如下結論：

（1）本博弈解釋了在員工心理契約類型為共同知識，但組織心理契約類型為私人信息的情況下，組織為什麼存在偽裝（暴露）自己類型的動力以及該動力產生的條件。

研究表明，當滿足 $S_a + S_b > C_0 + C_s$ 時，交易型組織偽裝有利可圖，存在偽裝動力，相反則會選擇真實暴露。當 $S_d + C_s - C_0 > S_a + S_b$ 成立，關係型組織偽裝才會成為可能。特別地，當 $C_0 > \dfrac{S_d}{2}$，即組織偽裝成本大於盡職的員工良心發現為其挽回的損失的一半，組織會真實暴露自己的類型。

（2）組織與員工的行為選擇存在交互作用。

博弈分析表明，組織選擇真實暴露還是偽裝，與員工選擇敬業工作帶來的組織利潤增加 S_a、選擇盡職導致的組織利潤損失 S_b、員工停止有害行為挽回的利潤 S_d、組織偽裝成本 C_0 及其為員工提供額外情感支持付出的成本 C_s 有關，其中員

選擇敬業工作帶來的組織利潤增加 S_a、盡職導致的組織利潤損失 S_b、員工停止有害行為挽回的利潤 S_d 都取決於員工，這充分說明雙方行為選擇的交互作用。

（3）組織選擇何種心理契約類型，會對員工行為產生影響。

博弈分析表明，在滿足 $\mu \leq \dfrac{C_b - C_e}{C_b - C_n}$（$C_e \geq C_n$）的條件下，員工選擇敬業，否則員工選擇盡職。同時可以看出，員工行為選擇依賴於其對組織支付的回報的先驗信念，該先驗概率與員工努力成本 C_e、契約違背成本 C_n 以及員工歉意成本 C_b 有關。

本研究從理論上表明了員工與組織之間行為的交互作用，同時也證實了只有員工觀測到組織是關係型、確定自己能夠得到關係型契約相匹配的回報，員工才會敬業工作，這實際上也為維持組織與員工良好的雇傭關係提供了理論依據。現實中，組織客觀地評價員工績效並為其提供公平的回報，確實可以有效激勵員工敬業工作。因此，如何結合員工心理契約特徵建立「員工敬業—組織好評（仁慈型回報）—員工更敬業」的員工績效評價機制，形成組織與員工之間行為的良性互動，值得理論界及企業界深思。

第四章

個體信息尋找與組織社會化戰術交互作用下的新員工心理契約研究

本章以新員工為研究對象,從新員工進入組織時就接觸到的各方面信息及相應的行為選擇出發,探討新員工的信息尋找行為和企業組織社會化戰術對新員工心理契約的影響機理,為組織社會化過程中新員工心理契約的維護及有效管理等提供可供借鑑的對策建議。

一、研究設計

(一) 研究思路及對象

1. 研究思路

在整理和回顧國內外組織社會化及其過程中的個體信息尋找行為、組織中新員工心理契約等相關文獻的基礎上,採用遞進式研究的思路。具體思路如圖4.1所示。

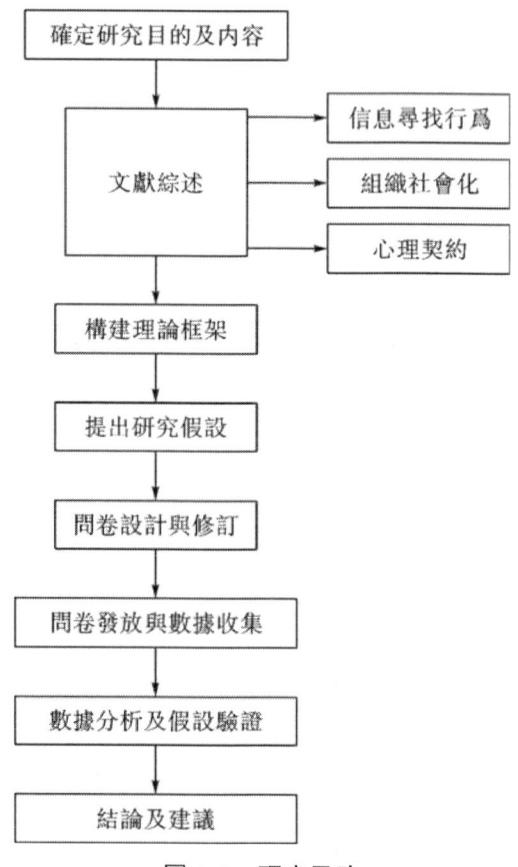

```
┌─────────────────┐
│ 確定研究目的及內容 │
└────────┬────────┘
         ↓
┌─────────────────┐      ┌──────────┐
│                 │─────→│ 信息尋找行爲 │
│    文獻綜述      │─────→│ 組織社會化 │
│                 │─────→│  心理契約 │
└────────┬────────┘      └──────────┘
         ↓
┌─────────────────┐
│  構建理論框架    │
└────────┬────────┘
         ↓
┌─────────────────┐
│   提出研究假設   │
└────────┬────────┘
         ↓
┌─────────────────┐
│  問卷設計與修訂  │
└────────┬────────┘
         ↓
┌─────────────────┐
│ 問卷發放與數據收集 │
└────────┬────────┘
         ↓
┌─────────────────┐
│ 數據分析及假設驗證 │
└────────┬────────┘
         ↓
┌─────────────────┐
│    結論及建議    │
└─────────────────┘
```

圖 4.1　研究思路

2. 研究對象

本研究選取的對象是進入企業的新員工。對新員工通常的定義是進入組織的時間為一年或少於一年的員工（Sehaubroeek & Green, 1989; Ostroff & Kozlowski, 1992; Bauer & Green, 1994; Ashforth & Saks, 1996）。本研究正是基於該定義開展調查的，選取的具體研究對象為：從事新的崗位工作的時間為一年或少於一年的員工。

（二）研究方法

本研究在方法上以實證研究為主，兼顧理論分析，具體結合已有研究量表進行調查問卷設計，經由問卷發放、數據收集、數據錄入、數據分析等步驟展開實證研究，同時採取定量研究與定性分析相結合的研究方法。具體來說，本研究依據研究內容、目的及研究假設的需要，採用了三種研究方法。

1. 系統分析方法

本研究基於國外組織社會化理論和心理契約相關文獻，對信息尋找行為、組織社會化、心理契約形成過程、心理契約的違背等理論，進行了綜合而系統的回顧與總結，並結合以往研究成果，運用邏輯分析，找出前人研究的內在聯繫並在此基礎上進行拓展研究。

2.「質的研究」和「量的研究」相結合的研究方法

「量的研究」也即問卷調查法。由於在組織社會化和信息尋找行為的研究中存在很多複雜多變的因素，僅有量的研究是不夠的，所以，本研究不僅採用「問卷調查法」基礎上的「量的研究」方法，還結合「訪談」和「現場觀察法」基礎上的「質的研究」方法，確保調查研究的信度和效度。

3. 統計分析方法

主要利用 SPSS 等統計分析工具，綜合採用描述性統計分析、因素分析、信度分析、效度分析、T 檢驗、相關分析、方差分析、迴歸分析等多種統計方法。

（三）問卷設計及數據收集

1. 問卷設計

筆者通過查閱大量的文獻資料，進行了比較全面的文獻研究，並結合本研究的內容及目的，在此基礎上設計了調查問卷，並在問卷設計的過程中，通過諮詢、討論對問卷編制的技

術性問題進行了修改，以避免出現一些如用詞不當、問題有歧義等的低級錯誤。本研究的調查問卷內容主要包括三個部分。

（1）基本信息。包括性別、年齡、學歷、婚姻狀況、崗位及職位、單位性質及規模、在目前單位工作的時間、從業年限等。

（2）組織社會化戰術及程度。此部分又包括三個小部分。第一小部分是個體信息尋找行為內容及戰術，個體信息尋找行為內容基於 Morrison（2002）提出的新員工主要的信息尋找行為內容的三個層面（組織、工作與角色），並檢測新員工對各內容的尋找頻率差異，同時參考 Morrison（1993）的描述來編制問題，測量對各信息尋找內容搜尋的頻率。該量表共有 6 題，包括組織價值觀、組織文化、政治權力結構、組織目標、政策、規範或領導方式等相關信息（組織層面），執行工作所需的知識、技巧、工具或觀念等相關信息（工作層面），工作職責、工作權限、工作範圍等相關信息（角色層面）。問卷採用李克特五點計分法，每題計分範圍由 1 分（從未尋找）至 5 分（非常頻繁），加總后平均得分越高，表示尋找頻率越高。信息尋找戰術基於 Miller（1996）認為新員工的信息尋找行為包含五種戰術，以降低在角色學習過程中的不確定性的觀點，同時參考 Miller（1996）所編制的量表編制問題。第二小部分是組織社會化戰術，問題的編制基於 King 和 Sethi（1998）、Jones（1986）對社會化戰術的量表，分別針對集體、正式、賦予、程度、伴隨及固定等六個社會化戰術進行測量，量表計分方式採用李克特五點計分法，依非常不同意至非常同意之選項，分別給予 1 至 5 分。第三小部分是組織社會化程度，問題的編制基於 Haueter 等（2003）所發展的組織社會化程度量表，採用李克特五點計分法，每題計分範圍由 1 分（非常不同意）至 5 分（非常同意），平均得分越高表示組織社會化程度越高。

（3）心理契約。該部分主要從公司義務、員工義務、員

工行為三個方面來編制問卷。

2. 數據收集

問卷發放方法主要採取郵件寄送、現場回收兩種方式，共發放問卷300份，回收276份，回收率92%，其中無效問卷21份，有效問卷255份，有效問卷率約92%。

二、研究假設

(一) 組織社會化的影響因素

從文獻梳理可以看出，員工的組織社會化的過程是員工個體與組織交互作用的過程，個體因素（如個體主動性和個性）和組織因素（如組織提供的心理輔導）對新員工組織社會化內容的學習存在不同程度的影響；此外，個體和組織的背景也會對組織社會化產生影響。因此，組織社會化的影響因素大致可以分為四類：一是對組織社會化有直接影響的組織因素，如組織社會化策略等；二是對組織社會化有直接影響的個體因素，如經驗等；三是與組織社會化有關的個體背景變量，如員工的性別、學歷等；四是與組織社會化有關的組織背景變量，如組織的性質、規模等。

現有很多量表都可以測量員工組織社會化程度。Taormina（1994）開發的組織社會化測量量表從接受培訓度、組織理解度、同事支持度、未來期望四個方面利用李克特五點計分法來測量員工的組織社會化程度。House 和 Lirtzman（1970）則採用角色模糊和角色衝突量表。Haueter（2003）提出以組織、團隊和任務三個維度構建組織社會化測量量表。本研究從組織、角色、工作三個方面利用李克特五點計分法來考察員工的組織社會化的程度。

1. 個體背景變量（性別、學歷）對員工組織社會化程度的影響

組織社會化主要是描述個人組織新角色的調適，因此必須強調個體的，個體的差異將對其經驗的解讀和組織的學習有很大的影響。Jones（1983）提出個體差異將對組織社會化有明顯的影響，考察員工的個體背景變量對其組織社會化的影響非常有必要。

性別方面，Gomez（1983）的研究表明，不同性別的主管和技術人員，其工作態度隨著組織社會化程度的提高而趨於一致。Taormina（1999）研究結果發現，在組織社會化內容上，中國大陸、中國香港和新加坡三地的員工在性別上不存在差異。此外，譚亞莉（2005）對大學畢業生的研究表明，不同性別、專業和工作類型的新進員工在組織承諾和工作滿意感上無顯著差異。廖明（2008）在其碩士論文中對管理者的性別對其經歷的組織社會化策略的影響進行了實證研究，得出不同性別的管理者在情境、內容和社會三個維度上都不存在顯著差異，即男性與女性管理者在經歷的組織社會化策略上不存在明顯差異。

學歷方面，趙國祥、王明輝、凌文輇（2007）通過對中國企業員工的實證研究，認為不同性別、年齡、工作年限、工作種類和企業性質的員工在組織社會化不同維度上存在顯著差異。廖明（2008）對管理者的學歷對其經歷的組織社會化策略的影響進行了實證研究，不同學歷的管理者在情境維度上不存在顯著差異（$P>0.05$），在內容和社會兩個維度上存在顯著差異（$P<0.05$）。

因此，本研究提出假設1、假設2。

假設1：員工的性別對其經歷的組織社會化程度無顯著影響。

假設2：員工學歷對其組織社會化程度無顯著影響。

2. 組織背景變量（組織性質、規模）對員工組織社會化程度的影響

組織背景不同，組織的規模性質不同，組織採用的社會化戰術有所區別，自然會影響員工的組織社會化程度。組織文化不同也會影響員工的組織社會化程度。很多學者已經就這個方面進行了研究。王慶燕（2007）的實證研究表明：公用事業的企業組織比信息技術行業、工業行業、金融行業更傾向於採用固定戰術，呈顯著性差異；國有企業比中外合資企業更傾向於採用賦予戰術，呈顯著性差異；國有企業比中外合資企業更傾向於採用程序戰術，呈顯著性差異；其他所有制性質的企業比中外合資企業更傾向於採用伴隨戰術，呈顯著性差異。在此基礎上，通過分析和比較前期的企業及其管理者訪談，除了區域、行業和性質之外，企業壽命、上市情況、規模等對組織社會化策略產生影響。廖明（2008）在探討中國企業管理者組織社會化的影響因素與影響效果時，提出企業的地理位置、行業、性質和壽命、上市情況、規模不同，對管理者採用的組織社會化策略也不同。同時，組織使用不同的社會化策略可能對員工社會化的程度產生不一樣的影響。此處我們需要驗證組織背景變量對員工組織社會化程度有無直接影響，因此，我們提出假設 3、假設 4。

假設 3：企業的性質不同對員工的組織社會化程度有顯著影響。

假設 4：企業的規模與員工的組織社會化程度呈正相關。

3. 員工個人因素（經驗與工齡、個體信息尋找行為等）對其組織社會化程度的影響

員工組織社會化的過程，實際上就是員工由一個組織外人變成適應組織、承擔組織角色的組織內人的過程。因此，在員工組織社會化的過程中，員工作為這一過程的主體會主動地尋找信息，適應融入組織。個體方面的因素會影響這一過程。如 Adkins（1995）研究指出，在組織社會化過程中，員工過去的

工作經驗對學習技能和適應組織具有重要作用。Reichers 等（1995）認為設計組織社會化或再社會化（resocialization）過程應考慮兩個重要的個人特性：一是經驗的程度，二是經驗的特性。經驗的程度主要是指工作者過去工作時間的長短，經驗的特性則是指工作者過去工作與新工作或新角色的相似性；通常，有更長的及更相似的工作經驗，所需的社會化過程會較短。Scholarios 等（2003）提出招聘和被選擇的經歷是預期社會化的一部分。員工的工作實踐對於畢業生和員工的職業期望和早期的心理契約有影響作用。Hart（2005）進一步提出，在連續策略中，雇傭經驗有著直接影響，為降低角色模糊的固定和伴隨策略，績效相關的信息內容對其起到了調節作用，剝奪策略對於新管理人員的創新角色有著負面相關。經驗有助於學習曲線的下降，對於信息的吸收與內化可能有相當的幫助。本研究通過工作和組織經驗的程度（經驗）與工作和組織經驗的特性（過去工作與現在工作的相似性、過去組織與現在企業的相似性）以及人生經驗的程度（工齡）來衡量經驗。

員工作為組織社會化的主體，如果能夠主動地尋找積極有效的信息，這將會加快其組織社會化的進程。員工越主動，與他人的互動程度越高，員工組織社會化的進程越快。員工會採用不同的戰術來獲取組織信息，在員工信息尋找行為戰術方面很多學者做出了研究。如 Morrison（1993）認為，新進員工主動社會化的方式主要是信息搜尋。新進員工可以通過主動搜集與尋求反饋來獲得想要的信息以加快組織社會化進程，這方面的研究主要集中在個體搜集或尋求信息的方式、內容以及信息技術對組織社會化影響的效應上（Cheney，Christensen，Zorn & Ganesh，2003）。Flanagin 和 Waldeck（2004）對技術應用與組織社會化關係進行驗證，提出新員工技術採用的相關因素。

因此，本研究提出假設 5、假設 5.1、假設 5.2、假設 6。

假設 5：員工的工齡與工作時間對其組織社會化程度有顯

第四章 個體信息尋找與組織社會化戰術交互作用下的新員工心理契約研究。

著影響。

假設 5.1：員工的工作時間與其組織社會化程度呈正相關。

假設 5.2：員工的工齡與其組織社會化程度呈正相關。

假設 6：員工的信息尋找行為對其組織社會化程度有顯著影響。

4. 組織因素（組織社會化策略）對員工組織社會化程度的影響

組織社會化策略是指組織通過某種特定的策略（tactics）或方式加速員工的社會化進程，以使員工成為組織所期望的角色。Van Maanen（1978）和 Schein（1988）先后提出了六種對立的組織社會化策略，Jones（1985）將上述六種策略區分為制度化策略社會化（institutional tactics）和個體化策略社會化（individual tactics）。在組織社會化文獻中，大多數有關組織社會化策略的研究關注的是組織實施社會化策略對員工心理和行為的影響，而與組織社會化程度相關的研究不多。Klein 和 Weaver（2000）整合了組織社會化內容和組織社會化策略的研究，通過對 116 名不同職業的新進員工進行現場試驗研究發現，參加正式組織層面導向培訓的員工與沒有參加組織層面導向培訓的員工相比，他們在組織目標和價值觀、組織歷史、組織中人際關係三個維度上存在顯著差異。Anakwe 和 Greenhaus（1999）探討了組織社會化策略與員工有效社會化的關係，其中員工組織社會化程度是從任務掌握、工作群體功能、知識和文化接受、個人學習、角色澄清等方面來衡量的。研究結果發現，組織社會化策略對員工有效組織社會化的作用非常突出，其中，組織中有經驗的員工在新進員工有效社會化過程中起關鍵作用。在各種組織社會化策略中，集體社會化策略、程序社會化策略、伴隨社會化策略與固定社會化策略和新進員工的組織社會化程度提高有正向關係，而正式社會化策略、賦予社會化策略則和員工組織社會化程度沒有太大關係。探討不同的組織社會化策略在中國背景下對新員工組織社會化程度的影

響十分有必要。為此，我們分別考察了內容因素的社會化策略、社會因素的社會化策略以及情境因素的社會化策略對員工組織社會化程度的影響。

因此，本研究提出假設7、假設7.1、假設7.2、假設7.3。

假設7：員工經歷的組織社會化策略對其組織社會化程度有顯著正向影響。

假設7.1：組織社會化策略中的內容因素類策略對組織社會化程度的各個維度有正向影響。

假設7.2：組織社會化策略中的社會因素類策略對組織社會化程度的各個維度有正向影響。

假設7.3：組織社會化策略中的情境因素類策略對組織社會化程度的各個維度有正向影響。

基於以上文獻梳理及理論研究，我們提出本部分的研究框架（圖4.2）。

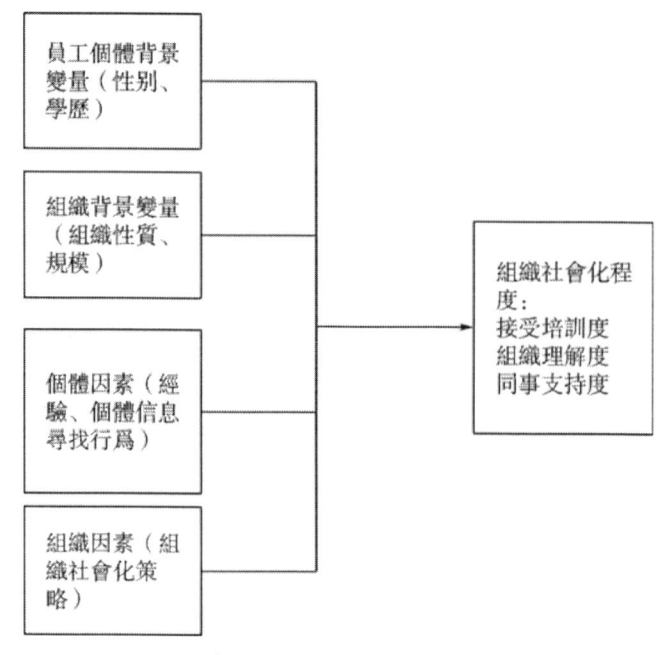

圖4.2 組織社會化的影響因素研究框架

（二）個體信息尋找行為的影響因素

在組織社會化的過程中，員工為了盡快地適應組織，不僅僅是被動地接受組織提供的信息，還會主動地搜尋信息。員工是否採取主動的信息尋找行為、何種信息尋找行為是有效的、員工的個體信息行為受到何種因素的影響，都是應當探討的話題。關於組織社會化過程中新員工信息尋找行為，許多學者都提出新員工可以主動向其他組織人員尋找信息，借以達成社會化的目的。新員工會通過信息尋找行為的產生，來尋找與工作相關的信息，這除了增加對工作的瞭解和彌補原有知識不足，還可以彌補監督者及同事經常無法提供的足夠信息（Miller & Jablin, 1991），同時也可降低面臨新環境時所產生的不確定感（Ashford & Black, 1996）。Reicher（1987）認為社會化的速度與新員工的主動性有著顯著關係，新員工越主動，與他人的互動程度越高，其社會化的速度越快，反之則越慢。信息尋找行為是新員工主動與組織互動而形成其自身社會化的第一步。這種行為可以有效避免工作績效達不到其他成員的期望、降低自願性及非自願性離職的機會（Jablin, 1984；Morrison, 1993），並在新員工社會化學習過程中扮演著正面幫助的角色（Miller & Jablin, 1991）。員工的信息尋找行為在當前已經成為眾多組織社會化研究者的研究課題，並且很多研究者已取得了豐碩成果。如：觀察戰術在獲取角色和組織信息方面是非常重要的，新員工所獲得的信息多數集中在與工作和角色相關的信息上（Ostroff & Kozlowski, 1992）；新員工經常通過觀察的方式尋找參考性、規範性、績效及社會性的信息，因為直接詢問所產生的社會成本太高（Morrison, 1993）；公開戰術是員工最常運用到的戰術，其次是觀察戰術（Teboul, 1994；Miller, 1996）；Waldeck（2004）在對組織成員同化的信息尋找行為進行了研究後，提出當前信息獲取有三種渠道：面對面溝通、

傳統媒介、先進的溝通與信息技術，面對面的溝通對於預期同化效果非常重要，緊接著的是先進的溝通與信息技術的應用，最后是傳統媒介。

雖然國外關於組織社會化過程中的新員工信息尋找行為的研究已經成熟，但是在中國文化背景下，新員工進入組織是否會採取主動尋找信息的行為、這種行為是否會隨著新員工工作時間的不同而發生變化、新員工是否因工作時間不同採取不同的信息尋找戰術以尋找不同的信息內容，這些都有待於檢驗與考證。同時，先前的工作經驗是影響個體對新進組織進行調適的因素之一，是會影響成員對組織的感受、態度，並促使成員逐漸社會化的因素（Adkins, 1995）。組織社會化主要是描述個體對於組織新角色的適應與學習，除了新員工所尋找的信息對社會化程度有較多影響，個體差異對社會化的學習與認知也有很明顯的影響。在此類國外相關研究中，關於人口統計學變量，如年齡、性別、先前工作經驗等的研究相對較多。Finkelstein（2003）在調查了歷時三個階段的新員工群體后，提出員工年齡與公開的信息尋找形式呈負相關，並且公開的信息尋找戰術的使用與隨后的角色澄清和工作滿意度相關。Dubinsky 等（1986）與 Fisher（1986）認為過去對組織的瞭解有助於增加新員工的能力，對社會化有正面的影響。

因此，這裡將考察人口統計學變量、工作時間（經驗）、工齡、信息尋找戰術這四者分別對信息尋找行為的影響。本研究提出假設8、假設9、假設10、假設11。

假設8：人口統計學變量對信息尋找行為戰術與尋找的信息內容的部分維度有相關性。

假設9：新員工在組織社會化過程中會因進入企業組織的工作時間不同，信息尋找行為有顯著差異。

假設10：新員工在組織社會化過程中會因之前的工齡的長短不同，其信息尋找行為有顯著差異。

假設 11：新員工在組織社會化過程中尋找的信息內容與信息尋找戰術顯著相關。

基於以上文獻梳理及理論研究，我們提出本部分的研究框架（圖 4.3）。

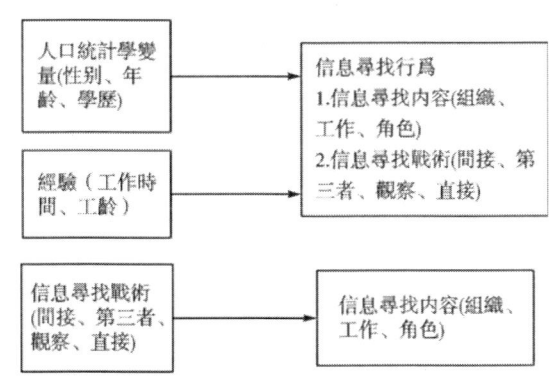

圖 4.3　個體信息尋找行為的影響因素研究框架

（三）心理契約的影響因素

心理契約是一個員工對其與組織之間的相互義務的一系列信念，這些信念建立在員工對承諾的主觀理解上，但並不一定被組織或其他代理人所意識到。員工心理契約的形成過程受到一系列因素的影響。這些因素從總體上可以劃分為兩大類：來自於組織和社會環境方面的外界因素以及來自於個體內部的因素（圖 4.4）。

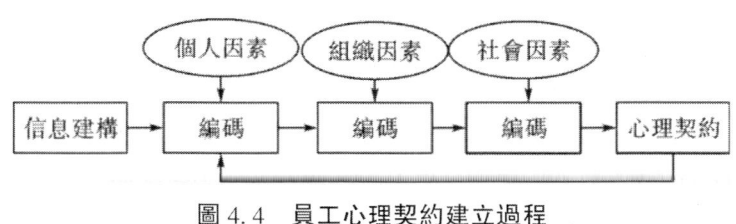

圖 4.4　員工心理契約建立過程

1. 外部過程

（1）社會環境：包括社會文化、社會規範、社會道德和法律等諸多要素。它們構成了在一個社會中人們對於責任、義務和權利的廣泛理解和信念，是心理契約的形成背景和可行性操作的必要條件。

（2）組織提供的信息：這些信息包括在招聘錄用時組織高層人員的許諾、組織高層人士的公開陳述、組織政策描述（例如：員工手冊、薪酬體系和其他有關人力資源方面的書面文件）、組織在社會中贏得的信譽和社會形象、員工對於組織內員工（高層管理人員、直接上級主管和平級同事）的言行觀察，等等。

（3）社會線索：社會線索是來自於組織中的其他同事或團隊成員的信息。它們在心理契約的形成過程中提供了三個方面的作用：①提供契約形成的信息；②傳遞社會壓力，達到群體對契約條款理解一致的目的；③影響個體對於組織活動的解釋。

2. 內部過程

（1）心理編碼：相比外界傳輸的信息而言，個體實際接收到的信息和個體對於這些信息解釋的方式，對於契約的形成有著更大影響。心理編碼是個體對於組織提供的信息進行認知加工的過程。通過對相互責任、義務、權利的「心理編碼」，員工形成了內心世界中的心理契約。可見，心理契約的核心內容並非現實中的相互責任，而是人們對於現實中的相互責任的認知。在這些信息中，有的十分明顯而且易於操作，如薪酬體系；有的則具有模糊性，如組織承諾「關注員工的個人發展」。這些內容在心理編碼過程中很容易受到其他因素的影響。

（2）個人因素和個性特點：指的是個體自身的一些具體特點，它們會影響個體對於組織信息的理解和使用。性別、教

育背景、過去的工作經歷和工作的年限都會影響個體的信息加工過程。

綜上所述，員工心理契約的形成受到多種因素的影響，但本研究注重於新員工心理契約的管理，它有別於一般的員工心理契約管理，是一段較短時期內心理契約的發展變化。以往有些學者對這種短期的心理契約的變化做了一些研究，如Robinson等（1994）通過對兩個時間點上心理契約的研究發現員工的心理契約在剛參加工作兩年內發生了變化，他們對組織義務的認知發生變化，其基本的趨勢是新員工對組織的義務認知呈下降趨勢。此外，員工先前的工作經驗會影響員工對新公司所提供的承諾的認知，並作為影響員工對新進組織進行調試的因素之一，會影響員工對組織的感受認知，對心理契約的形成過程有著重要作用。本研究著重從兩個方面考察心理契約：心理契約預期（員工對組織應盡義務的期望）和心理契約執行（組織對這些義務的實際執行情況）。本研究還考察了工作時間和工齡（工作經驗的豐富程度的衡量指標）對員工心理契約的影響。

因此，本研究提出假設12、假設12.1、假設12.2、假設13、假設13.1、假設13.2。

假設12：員工的心理契約會因員工進入組織工作時間的不同而呈顯著差異。

假設12.1：員工的心理契約預期會因員工進入組織工作時間的不同而呈顯著差異。

假設12.2：員工的心理契約執行會因員工進入組織工作時間的不同而呈顯著差異。

假設13：員工的心理契約會因員工工作經驗不同而呈顯著差異。

假設13.1：員工的心理契約預期會因員工工作經驗不同而呈顯著差異。

假設 13.2：員工的心理契約執行會因員工工作經驗不同而呈顯著差異。

（四）組織社會化戰術和個體信息尋找行為對新員工心理契約的影響

一般，新員工在進入企業組織的社會化適應階段，組織作為主控的角色，經常會採取一些組織社會化戰術，以此來增進新員工的社會化學習能力，並統一組織相關信息輸出的口徑，從而使員工得到矛盾信息的可能性降低到最小。在組織社會化過程中，員工不僅只是被動接受組織的安排，而是會在各個階段，根據各種情境及學習環境，去主動尋找信息以適應相對陌生的文化環境。組織社會化是基於員工進入組織環境對其知覺的過程，有兩個主體參與，即組織和個體。在這個過程中，組織行為與個體行為互相影響並發展著，組織行為表現在企業組織採取的組織社會化戰術，而個體行為表現在個體採取的信息尋找戰術，二者都是個體獲取信息的方式。由於心理契約是員工在社會化的過程中動態建構的結果（Nelson & Quick, 1991），心理契約是員工對於組織的一種知覺，這種知覺的形成以得到的信息為基礎，從而形成員工自身的感知，所以信息對於心理契約的形成是非常重要的。組織社會化戰術的不同，代表著組織傳遞其信息的方式不同。從不同的組織社會化戰術中，員工感知到的組織對他們的角色期望不同，相同的信息在不同的組織社會化戰術中因而也呈現出不同的內容。而個體的主動尋找信息的行為也因員工的個人特質不同而發生變化。員工個體一方面根據自己的需要收集新的信息，另一方面還會將已收集到的信息進行相互比較和驗證。因此，驗證組織社會化戰術與個體信息尋找行為在信息傳遞中對於心理契約的影響是非常重要的。

關於將員工心理契約置於組織社會化過程中，並從信息傳

第四章　個體信息尋找與組織社會化戰術交互作用下的新員工心理契約研究

遞的角度對心理契約進行的研究，國外有些學者已經有了一些研究成果。Thomas 和 Anderson（1998）指出在組織社會化過程中，「社會信息的獲取」是重要的影響因素；De Vos 等（2003）在對 333 名新員工進行了一年的縱向研究后，檢驗了在組織社會化過程中的新員工心理契約感知的變化，提出新員工對於組織的承諾感知的變化受他們對自己貢獻的感知影響，同時還受來自於對組織誘因信息感知的影響。2005 年，De Vos 等人又在 527 名新員工的數據基礎上，驗證了新員工的信息尋找行為、與此相關的心理契約對於工作價值觀的影響的關係假設，提出工作控制和契約相關的信息尋找行為對於心理契約的形成只有很小的影響作用。魏峰等（2005）則提出組織可以採取的改善和維護心理契約的策略和方法並沒有得到廣泛的關注，因此對組織實踐的指導作用受到了很大的限制和制約。雖然這些文獻都對心理契約在組織社會化過程中的一些變化做了研究，並對引起心理契約變化的個體信息尋找行為進行了探討，但都沒有綜合組織因素和個體因素以說明心理契約變化的原因。因此，本研究要驗證心理契約的變化是否受組織社會化戰術、個體信息尋找行為的影響。因此，本研究提出假設 14、假設 14.1、假設 14.2、假設 15、假設 15.1、假設 15.2。

　　假設 14：組織社會化戰術與新員工心理契約顯著相關。
　　假設 14.1：組織社會化戰術與心理契約預期顯著相關。
　　假設 14.2：組織社會化戰術與心理契約執行顯著相關。
　　假設 15：個體信息尋找行為與新員工心理契約顯著相關。
　　假設 15.1：員工信息尋找行為與心理契約預期顯著相關。
　　假設 15.2：員工信息尋找行為與心理契約執行顯著相關。
　　由此，我們提出本部分的研究框架與理論假設（圖 4.5）。

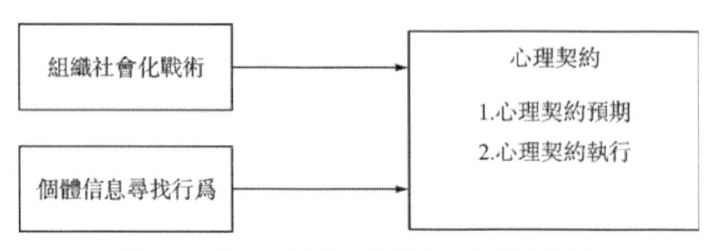

圖 4.5　心理契約變化的兩個假設影響因素

（五）組織社會化戰術與個體信息尋找行為交互作用對新員工心理契約的影響

交互作用指的是一因子對另一因子的不同水準有不同的效果。如果一個實驗中有兩個或兩個以上的自變量，當一個自變量的效果在另一個自變量的每一個水平上不一樣時，我們就說存在著自變量的交互作用。當存在交互作用時，單純研究某個因素的作用是沒有意義的，必須在另一個因素的不同水平研究該因素的作用大小。實驗設計方法中交互作用表示當兩種或幾種因素水平同時作用時的效果較單一水平因素作用的效果加強或者減弱的作用。交互作用最初大多用於生物實驗和心理學實驗，后慢慢地擴展到社會學科的實驗中。

組織社會化不只是組織或個人單方面的事情，而應該是一個組織與個人兩個因素互動作用的過程。因此本課題將組織社會化的過程研究引入了交互作用。在這方面，目前已有部分學者進行了研究。如 Griffin 等（2000）認為在這個交互模型中，組織使用的社會化策略不僅會影響新員工使用何種主動社會化行為策略，還會對主動社會化行為與組織社會化結果之間的關係起到仲介作用。他們還認為組織的和個人的兩種組織社會化策略彼此作用的機制在於兩個方面：首先是組織的社會化策略會影響新進員工有效執行某特定策略的可能性；此外，組織的策略會影響新進員工所使用主動行為的有效性。這個模型對於

推動人們進一步深入研究新員工的組織社會化有重要的價值。但這一模型沒有討論成員主動社會化行為對組織社會化策略的影響和反作用，也沒有關注成員個體差異對組織社會化策略效果的調和作用（殷志平，2008），並缺乏實證的支持。國內研究組織社會化策略與員工主動社會化行為交互作用的成果較少，姚琦、樂國安（2008）的研究具有代表性意義。他們在組織社會化的個體—環境交互作用模型分析中，對組織社會化策略和新員工主動社會化行為之間的交互作用進行了論述，認為組織社會化策略影響新員工主動策略（社會化行為）的可能性和有效性。此外，廖明（2008）在其研究生論文《管理者組織社會化的影響因素與影響效果研究》中提出了管理者在組織社會化過程中的組織個人交互模型。陳衛旗（2009）認為組織策略可以影響個體社會化策略，同時個體對匹配重要性的認知及個體社會化策略調節制約著組織策略對「人—組織匹配」的效應。本研究在組織的社會化策略和個體的信息尋找策略交互作用下研究組織社會化對心理契約管理的影響。因此，本研究提出假設16、假設16.1、假設16.2。

假設16：組織社會化戰術與員工信息尋找戰術的相互作用對心理契約有顯著影響。

假設16.1：組織社會化戰術與員工信息尋找戰術的相互作用對心理契約預期有顯著影響。

假設16.2：組織社會化戰術與員工信息尋找戰術的相互作用對心理契約執行有顯著影響。

由此，我們提出本部分研究假設和研究框架（圖4.6）。

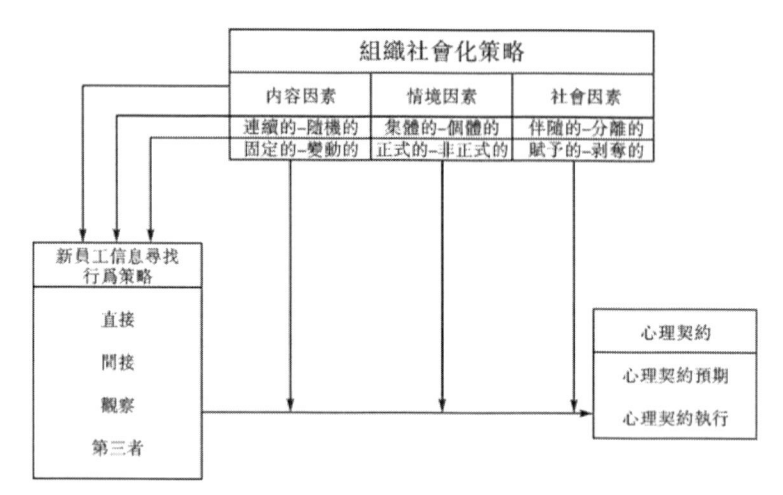

圖 4.6 兩種策略交互作用下對心理契約變化的影響的假設

三、描述性統計分析

(一) 變量描述性統計[①]

本研究將基本信息分為個體背景和組織背景兩類。

1. 個體背景變量描述統計

從工作時間反映新老員工，從性別、年齡、婚姻狀況與學歷等方面反映個體的生理、生活和教育背景，從職位與崗位反映個體的工作背景。

(1) 工作時間。

在被測試的樣本中，個體在目前單位的工作性質分佈如下：新員工工作時間範圍定義在 1~12 個月，將其分成三個時間段：3 個月及以下的占 43.5%，4~6 個月的占 42.2%，7~

---

① 統計數據精確到小數點后一位。

12個月的占14.3%。

被試者的工齡：1年以內工齡者占54.3%，1~3年工齡者占34.3%，4~5年工齡者占8.6%，6~10年工齡者占1.9%，10年以上工齡者占1%。

（2）性別、年齡、婚姻狀況與學歷。

被試者中，男性占60.5%，女性占39.5%；20歲及以下者占16.7%，21~24歲者占66.2%，25~30歲者占15.7%，31~36歲者占1.4%；在樣本中，沒有37歲以上的人；已婚者占7.1%，未婚者占92.9%；大專生占65.7%，本科生占30.4%，研究生及以上占3.9%。

（3）職位與崗位。

被試者中，普通職員占83.6%，基層管理者占8.7%，中層管理者占4.8%，高層管理者占2.9%。其中，在生產崗位的占24.9%，營銷崗位的占9.1%，技術崗位的占17.2%，管理崗位的占18.2%，其他崗位的占30.6%。

2. 組織背景變量描述統計

從企業性質與員工規模等方面反映組織的背景。

（1）企業性質。

被試者所在企業中，國有企業占26.5%，民營企業占25%，外資、合資企業占32.4%，其他性質企業占16.2%。

（2）員工規模。

被試者所在企業規模，200人以下占36.7%，200~500人占12.4%，501~1,000人占8.6%，1,000人以上占42.4%。

（二）組織社會化項目描述性統計

在進行因素分析之前，必須先確認資料是否有共同因子存在。Bartlett球形檢驗，檢驗的是相關陣是否是單位陣，它表明因子模型是否是不適宜的。KMO（Kaiser-Meyer-Olkin）取樣適宜性能由偏相關係數反映資料是否適用因子分析。KMO

取樣適宜性越接近 1，表示變數越具有共同因子存在，而 Bartlett 球形檢驗的 P 值會越接近於 0。

KMO 值判定標準為：KMO≤0.5 表示非常不適合；0.5<KMO≤0.6 表示不太適合；0.6<KMO≤0.7 表示普通；0.7<KMO≤0.8 表示適合；0.8<KMO≤0.9 表示很適合；KMO>0.9 表示非常適合。

1. 組織社會化策略量表項目描述性統計

表 4.1 顯示了組織社會化策略量表的 KMO 和 Bartlett 檢驗。表 4.2 是按照前面設定的方差極大法對因子載荷矩陣旋轉后的結果。經過旋轉之後，第一個因子含義更加清楚，基本上反映了「瞭解新工作分配的時間」「任務轉換有模式」「獲取途徑正規」「瞭解自己的工作角色」，傾向固定式戰術，即給員工提供既定的時間表來進行最初的社會化，有一個完整的過程；第二個因子基本上反映了「老員工有職責訓練新員工」「有培訓程序」「瞭解培訓課程」，傾向伴隨式戰術，即通過有經驗的組織成員來幫助社會化；第三個因子反映了「很少獲得指導」「工作知識非正規途徑獲取」「職業發展很清晰地被告知」「熟悉之前不參與任何工作」，傾向個體式戰術，即給各個新員工各自不同的體驗；第四個因子反映了「被安排參與培訓」「互相學習」「觀察能獲得信息」，傾向集體式戰術，即把新員工組成群體，然后讓他們經歷相同的經驗。因此，本研究將組織社會化戰術分為四部分：固定式戰術、伴隨式戰術、個體式戰術和集體式戰術，可將其再歸類為三個因素概念，分別為情境觀點（集體的與個體的）、內容觀點（固定的）、社會觀點（伴隨的）。

組織社會化策略量表所有項目均值 3.73，情境、內容、社會各維度中所對應項目均值分別為 3.71、3.79、3.71，其中，集體式和個體式戰術的均值分別為 3.36 和 4.07，即員工對內容維度評價最高，對情境維度中的個體式戰術和社會維度

的評價較低。這反映出被調查企業組織社會化策略的現狀：重視內容方面，同時較為輕視情境和社會；結合企業及員工訪談發現，這種情況可能是因為企業組織重視社會化制度化程度，個體的創新難以提供充分的支持。為了盡快適應並融入組織，同事特別是資深員工的幫助顯得至關重要。

表 4.1　組織社會化策略量表的 KMO 和 Bartlett 檢驗

取樣足夠度的 Kaiser-Meyer-Olkin 度量。		0.837
Bartlett 的球形度檢驗	近似卡方	1,041.763
	df	120
	$Sig.$	0.000

表 4.2　組織社會化策略量表的旋轉成分矩陣

	成分			
	1	2	3	4
被安排參與培訓	0.082	0.165	−0.032	0.825
互相學習	−0.005	0.204	0.091	0.796
很少獲得指導	0.160	0.040	0.671	−0.030
觀察能獲得信息	0.522	0.147	0.017	0.586
老員工有職責訓練新員工	0.187	0.593	0.243	0.107
有培訓程序	0.134	0.800	0.012	0.202
瞭解培訓課程	0.244	0.721	0.120	0.131
瞭解新工作分派的時間	0.679	0.303	0.158	0.066
任務轉換有模式	0.684	0.487	0.048	−0.044
獲取途徑正規	0.746	0.077	0.146	0.099
工作知識非正規途徑獲取	0.081	0.031	0.761	0.243
職業發展很清晰地被告知	0.409	0.243	0.452	0.077
瞭解自己的工作角色	0.497	0.042	0.145	0.470
熟悉之前不參與任何工作	0.026	0.256	0.752	−0.148

表4.2(續)

	成分			
	1	2	3	4
工作經驗的累積	0.146	0.473	0.351	0.264
會形成公司接受的工作態度	0.401	0.288	0.398	0.221

提取方法：主成分分析法。

旋轉法：具有 Kaiser 標準化的正交旋轉法。

a. 旋轉在 5 次迭代后收斂。

2. 組織社會化程度項目描述性統計

表4.3 顯示了組織社會化程度的 KMO 和 Bartlett 檢驗。表4.4 是按照前面設定的方差極大法對因子載荷矩陣旋轉后的結果。經過旋轉之后，第一個因子含義略加清楚，基本上反映了「熟悉企業文化」「清楚企業戰略」「目標一致」「瞭解工作背景」「適應工作環境」「具備完成工作任務的能力」「學會有效的工作方式」「能規範工作語言」「瞭解如何得到欣賞」，傾向接受培訓度；第二個因子基本上反映了「瞭解組織的權力架構」「摸清辦公室政治」「瞭解誰最具影響力」「瞭解同事背景」，傾向組織理解度；第三個因子反映了「熟悉溝通方式」「能妥善處理與同事的關係」，傾向同事支持度。因此，本研究將組織社會化程度分為三部分：接受培訓度、組織理解度、同事支持度。

組織社會化程度量表所有項目均值 3.93，接受培訓度、組織理解度、同事支持度各維度中所對應項目均值分別為 3.92、3.87、4.01，即企業新員工對其同事支持度維度評價較高，對接受培訓度維度的評價較低，對組織理解度維度評價最低。結合前述對組織社會化程度的分析與企業新員工的訪談發現，這種情況可能主要是因為企業培訓特別是對企業組織結構培訓效果較低，尤其是企業未能明確告知新員工努力方向，導致其對自己在企業的未來發展認識不夠清晰。

表 4.3　　組織社會化程度的 KMO 和 Bartlett 檢驗

取樣足夠度的 Kaiser-Meyer-Olkin 度量。		0.859
Bartlett 的球形度檢驗	近似卡方	1,433.786
	df	105
	$Sig.$	0.000

表 4.4　　組織社會化程度的旋轉成分矩陣

	成分		
	1	2	3
熟悉企業文化	0.702	0.409	-0.099
清楚企業戰略	0.607	0.517	0.007
目標一致	0.730	0.342	-0.003
瞭解工作背景	0.680	0.141	0.092
適應工作環境	0.637	0.050	0.309
具備完成工作任務的能力	0.708	0.008	0.397
學會有效的工作方式	0.559	0.014	0.537
能規範工作語言	0.655	0.200	0.361
瞭解如何得到欣賞	0.716	0.191	0.311
瞭解組織的權力架構	0.148	0.743	-0.008
摸清辦公室政治	0.139	0.830	0.132
瞭解誰最具影響力	0.125	0.560	0.395
熟悉溝通方式	0.093	0.191	0.811
瞭解同事背景	0.226	0.638	0.277
能妥善處理與同事的關係	0.224	0.153	0.754

提取方法：主成分分析法。

旋轉法：具有 Kaiser 標準化的正交旋轉法。

a. 旋轉在 9 次迭代後收斂。

(三) 個體信息尋找行為項目描述統計

1. 尋找的信息內容

表 4.5 為信息尋找內容的 KMO 和 Bartlett 檢驗。表 4.6 則為按照前面設定的方差極大法對因子載荷矩陣旋轉后的結果。經過旋轉之後，第一個因子含義更加清楚，基本上反映了「組織文化和價值觀」「權力結構與政策」，傾向組織層面，即與組織價值觀、組織文化、政治權力結構、組織目標、政策、規範或領導方式等相關的信息；第二個因子反映了「工作職責」「崗位職責」，傾向角色層面信息，即與工作職責、工作權限、工作範圍等相關的信息；第三個因子反映了「工作所需要的觀念和知識」「工作所需要的技術和工具」，傾向工作層面，即執行工作時所需的知識、技巧、工具或觀念等相關信息。

尋找的信息內容量表所有項目均值 4.21，組織層面、角色層面與工作層面各維度中所對應項目均值分別為 3.93、4.38、4.31，即員工對角色層面維度評價最高，其次是工作層面維度，對組織層面維度的評價最低。這反映出被調查企業新員工尋找信息內容的現狀：重視角色層面方面，同時較為輕視工作層面和組織層面，尤其是組織層面。

表 4.5　　信息尋找內容的 KMO 和 Bartlett 檢驗

取樣足夠度的 Kaiser-Meyer-Olkin 度量。		0.771
Bartlett 的球形度檢驗	近似卡方	475.298
	df	15
	Sig.	0.000

第四章 個體信息尋找與組織社會化戰術交互作用下的新員工心理契約研究

表 4.6　　信息尋找內容的旋轉成分矩陣

	成分		
	1	2	3
組織文化和價值觀	0.079	0.901	0.007
權力結構與政策	0.151	0.858	0.165
工作職責	0.892	0.174	0.099
崗位職責	0.758	0.105	0.446
工作所需要的觀念和知識	0.524	0.066	0.695
工作所需要的技術和工具	0.300	0.124	0.895

提取方法：主成分分析法。

旋轉法：具有 Kaiser 標準化的正交旋轉法。

a. 旋轉在 5 次迭代後收斂。

2. 信息尋找行為戰術

表 4.7 是信息尋找戰術的 KMO 和 Bartlett 檢驗。表 4.8 是按照前面設定的方差極大法對因子載荷矩陣旋轉后的結果。經過旋轉之後，第一個因子含義更加清楚，基本上反映了「不直接詢問」「引導后瞭解信息」「鼓勵上司或同事討論某話題」「會假裝不知道詢問上司或同事」「會試探后再詢問」，傾向間接戰術，即採用非詢問的方式以獲得信息；第二個因子反映了「會先與別人探討」「會找別人獲得相同信息」「會從別人那裡瞭解答案」，傾向第三者戰術，即詢問除上司及同事以外的人以獲得信息；第三個因子反映了「會從周圍的事件中獲得信息」「會密切關注周圍以獲取信息」「會參加公司的社交活動」「會參加辦公室聚會」，傾向觀察戰術，即通過從他人的行為或所發生事件的意義中，獲知什麼是適當行為的方式；第四個因子反映了「直接尋求我的信息」「詢問上司對我的看法」「不會拐彎抹角尋求信息」，傾向直接戰術，即以直接詢問的方式獲得信息。

信息尋找行為戰術量表所有項目均值 3.75，間接戰術、

第三者戰術、觀察戰術和直接戰術各維度中所對應項目均值分別為 3.45、3.72、4.00 和 3.80，即新員工對觀察戰術維度評價較高，對間接戰術維度的評價較低。

表 4.7　信息尋找戰術的 KMO 和 Bartlett 檢驗

取樣足夠度的 Kaiser-Meyer-Olkin 度量。		0.850
Bartlett 的球形度檢驗	近似卡方	849.200
	df	105
	$Sig.$	0.000

表 4.8　信息尋找戰術的旋轉成分矩陣

	成分			
	1	2	3	4
直接尋求我的信息	0.118	0.188	0.049	0.741
詢問上司對我的看法	0.475	-0.044	0.187	0.549
不會拐彎抹角尋求信息	0.052	0.117	0.020	0.762
不直接詢問	0.678	0.018	0.175	0.143
引導后瞭解信息	0.489	0.208	-0.016	0.279
鼓勵上司或同事討論某話題	0.765	0.176	0.072	-0.043
會先與別人探討	0.203	0.626	0.206	0.131
會找別人獲得相同信息	0.237	0.597	0.215	0.196
會假裝不知道詢問上司或同事	0.781	0.196	-0.079	0.017
會試探后再詢問	0.590	0.281	0.089	0.146
會從別人那裡瞭解答案	0.101	0.730	-0.005	0.158
會從周圍的事件中獲得信息	0.165	0.210	0.780	0.064
會密切關注周圍以獲取信息	0.236	0.422	0.588	0.024
會參加公司的社交活動	0.132	0.046	0.877	0.086
會參加辦公室聚會	0.113	0.303	0.790	0.050

提取方法：主成分分析法。

旋轉法：具有 Kaiser 標準化的正交旋轉法。

a. 旋轉在 5 次迭代后收斂。

（四）心理契約的項目描述統計

1. 心理契約預期

表 4.9 顯示了心理契約預期的 KMO 和 Bartlett 檢驗。表 4.10 為按照前面設定的方差極大法對因子載荷矩陣旋轉后的結果。心理契約預期經過旋轉之后，第一個因子含義更加清楚，基本上反映了「提供績效獎勵」「提供相應的績效報酬」「改善工作條件」「尊重員工權利」「為提高能力培訓員工」「為員工提供發展機會」「過年發福利性獎金物品」，傾向關係性義務預期，偏重社會情感的層面；第二個因子反映了「及時溝通」「重視員工想法」「公平對待員工」「充分信任員工」「關心員工長期生活」「讓員工代表參加決策」，傾向團隊性義務預期，體現組織層面；第三個因子反映了「為支持員工提高績效」「提供相應福利待遇」「人際關係融洽」「為管理理念培訓員工」，傾向交易性義務預期，即著重於短期而特定的層面。

表 4.9　　心理契約預期的 KMO 和 Bartlett 檢驗

取樣足夠度的 Kaiser-Meyer-Olkin 度量。		0.901
Bartlett 的球形度檢驗	近似卡方	1,742.964
	df	136
	$Sig.$	0.000

表 4.10　　心理契約預期的旋轉成分矩陣

	成分		
	1	2	3
為支持員工提高績效	0.107	-0.016	0.773
提供相應福利待遇	0.416	0.247	0.492

表4.10(續)

	成分		
	1	2	3
提供績效獎勵	0.596	0.141	0.501
提供相應的績效報酬	0.749	0.202	0.270
改善工作條件	0.584	0.358	0.165
尊重員工權利	0.833	0.090	0.061
及時溝通	0.374	0.487	0.362
人際關係融洽	0.250	0.206	0.704
重視員工想法	0.354	0.594	0.240
公平對待員工	0.400	0.611	0.217
充分信任員工	0.443	0.597	-0.063
關心員工長期生活	0.233	0.783	0.013
讓員工代表參加決策	-0.075	0.755	0.190
為管理理念培訓員工	0.255	0.477	0.533
為提高能力培訓員工	0.626	0.323	0.296
為員工提供發展機會	0.741	0.177	0.322
過年發福利性獎金物品	0.544	0.334	0.232

提取方法：主成分分析法。

旋轉法：具有 Kaiser 標準化的正交旋轉法。

a. 旋轉在 6 次迭代后收斂。

2. 心理契約執行

表4.11 顯示了心理契約執行的 KMO 和 Bartlett 的檢驗，表4.12 為按照前面設定的方差極大法對因子載荷矩陣旋轉后的結果。心理契約執行經過旋轉之後，第一個因子含義更加清楚，基本上反映了「尊重員工權利」「人際關係融洽」「及時溝通」「重視員工想法」「公平對待員工」「充分信任員工」「關心員工長期生活」「讓員工代表參加決策」，傾向團隊性義務預期，體現組織層面；第二個因子反映了「提供相應福利待遇」「提供績效獎勵」「為管理培訓員工」「為提高能力培

第四章 個體信息尋找與組織社會化戰術交互作用下的新員工心理契約研究

訓員工」「為員工提供發展機會」「過年發福利性獎金物品」，傾向關係性義務預期，偏重社會情感的層面；第三個因子反映了「為支持員工提高績效」「提供相應的績效報酬」「改善工作條件」，傾向交易性義務預期，即著重於短期而特定的層面。

在心理契約量表中，心理契約預期均值為 4.30，心理契約執行均值為 3.77，心理契約的預期值明顯要大於心理契約執行值，其中，心理契約關係性義務預期、心理契約交易性義務預期、心理契約團隊性義務預期對應項目均值分別為 4.36、4.32 和 4.22，即新員工對心理契約關係性義務的預期最高，對心理契約團隊性義務的預期最低。心理契約關係性義務執行、心理契約交易性義務執行、心理契約團隊性義務執行對應項目均值分別為 3.78、3.84 和 3.69，即新員工認為組織執行心理契約交易性義務最好，執行心理契約團隊性義務最差。

表 4.11　心理契約執行的 KMO 和 Bartlett 的檢驗

取樣足夠度的 Kaiser-Meyer-Olkin 度量。		0.931
Bartlett 的球形度檢驗	近似卡方	1,803.298
	df	136
	Sig.	0.000

表 4.12　　心理契約執行的旋轉成分矩陣

	成分		
	1	2	3
為支持員工提高績效	0.242	0.060	0.796
提供相應福利待遇	0.147	0.735	0.266
提供績效獎勵	0.188	0.627	0.303
提供相應的工資報酬	0.073	0.559	0.583
改善工作條件	0.318	0.431	0.445

表 4.12(續)

	成分		
	1	2	3
尊重員工權利	0.443	0.432	0.354
及時溝通	0.607	0.307	0.328
人際關係融洽	0.695	0.038	0.158
重視員工想法	0.705	0.193	0.291
公平對待員工	0.740	0.343	0.104
充分信任員工	0.517	0.279	0.218
關心員工長期生活	0.710	0.355	0.098
讓員工代表參加決策	0.655	0.484	0.026
為管理培訓員工	0.437	0.608	0.026
為提高能力培訓員工	0.480	0.668	0.067
為員工提供發展機會	0.512	0.625	0.147
過年發福利性獎金物品	0.262	0.721	0.069

提取方法：主成分分析法。

旋轉法：具有 Kaiser 標準化的正交旋轉法。

a. 旋轉在 8 次迭代后收斂。

四、實證分析

(一) 組織社會化的影響因素研究

本章從組織和個人兩方面探討二者對員工組織社會化的影響，這兩方面包括四類變量：組織因素（組織社會化策略）、個人因素（工齡）、個體背景（如性別、學歷、婚姻狀況、管理層次等）和組織背景（如規模、性質等）。

為考察員工個體背景變量及其所在企業組織背景變量對組織社會化的影響，對問卷調查數據進行了單因素方差分析。

第四章 個體信息尋找與組織社會化戰術交互作用下的新員工心理契約研究

1. 個體背景變量對組織社會化的影響

個體背景主要通過管理者的生理背景如性別，教育背景如學歷，工作背景如工作時間、職位、崗位等來反映。

（1）不同性別的新員工經歷的組織社會化的差異。

為考察不同性別的新員工在所經歷的組織社會化表現上有無差異，本研究進行了單因素方差分析（如表4.13）。

表4.13　　新員工組織社會化性別的方差分析

		平方和	df	均方	F	顯著性
固定	組間	0.358	1	0.358	0.357	0.551
	組內	204.642	204	1.003		
	總數	205.000	205			
伴隨	組間	0.153	1	0.153	0.153	0.696
	組內	204.847	204	1.004		
	總數	205.000	205			
個體	組間	2.437	1	2.437	2.454	0.119
	組內	202.563	204	0.993		
	總數	205.000	205			
集體	組間	0.850	1	0.850	0.849	0.358
	組內	204.150	204	1.001		
	總數	205.000	205			
接受培訓度	組間	0.002	1	0.002	0.002	0.964
	組內	205.998	205	1.005		
	總數	206.000	206			
組織理解度	組間	1.272	1	1.272	1.274	0.260
	組內	204.728	205	0.999		
	總數	206.000	206			
同事支持度	組間	0.372	1	0.372	0.371	0.543
	組內	205.628	205	1.003		
	總數	206.000	206			

據單因素方差分析結果，其顯著性都大於0.05，所以可以得出結論：新員工組織社會化受性別的影響不顯著。

假設1：員工的性別對其經歷的組織社會化程度無顯著影響，得到驗證。

（2）不同學歷的組織社會化的差異。

為考察不同學歷的新員工在所經歷的組織社會化表現上有無差異，本研究進行了單因素方差分析（如表4.14）。在此處我們對假設2進行驗證。

表4.14　　新員工組織社會化學歷的方差分析

		平方和	df	均方	F	顯著性
固定	組間	10.488	2	5.244	5.461	0.005
	組內	192.034	200	0.960		
	總數	202.522	202			
伴隨	組間	3.221	2	1.611	1.620	0.200
	組內	198.855	200	0.994		
	總數	202.076	202			
個體	組間	6.497	2	3.248	3.322	0.038
	組內	195.564	200	0.978		
	總數	202.061	202			
集體	組間	0.239	2	0.119	0.118	0.889
	組內	202.982	200	1.015		
	總數	203.221	202			
接受培訓度	組間	2.878	2	1.439	1.449	0.237
	組內	199.544	201	0.993		
	總數	202.421	203			
組織理解度	組間	0.619	2	0.310	0.318	0.728
	組內	195.955	201	0.975		
	總數	196.575	203			
同事支持度	組間	0.998	2	0.499	0.503	0.605
	組內	199.397	201	0.992		
	總數	200.396	203			

據單因素方差分析結果，顯著性0.005＜0.05、0.038＜0.05，所以可以得出結論：組織社會化部分策略（固定式與

個體式）受學歷的影響顯著。假設2：員工學歷對其組織社會化程度無顯著影響，不完全成立。員工的學歷對其經歷的固定的組織社會化策略和個體社會化策略有顯著影響，其他的社會化策略無顯著影響。

2. 組織背景變量對組織社會化的影響

本研究依據研究目的、文獻探討及研究框架，設定組織背景變量主要包括企業的性質、規模等。

（1）性質。

為考察企業性質對新員工組織社會化的影響有無差異，對假設3驗證，我們進行單因素方差分析（表4.15）。

表4.15 企業性質對新員工組織社會化影響的方差分析

		平方和	df	均方	F	顯著性
固定	組間	0.557	4	0.139	0.137	0.968
	組內	204.443	201	1.017		
	總數	205.000	205			
伴隨	組間	8.586	4	2.146	2.197	0.071
	組內	196.414	201	0.977		
	總數	205.000	205			
個體	組間	3.285	4	0.821	0.818	0.515
	組內	201.715	201	1.004		
	總數	205.000	205			
集體	組間	8.076	4	2.019	2.061	0.087
	組內	196.924	201	0.980		
	總數	205.000	205			
接受培訓度	組間	9.048	4	2.262	2.320	0.058
	組內	196.952	202	0.975		
	總數	206.000	206			
組織理解度	組間	11.085	4	2.771	2.872	0.024
	組內	194.915	202	0.965		
	總數	206.000	206			

表4.15(續)

		平方和	df	均方	F	顯著性
同事支持度	組間	1.341	4	0.335	0.331	0.857
	組內	204.659	202	1.013		
	總數	206.000	206			

據單因素方差分析結果，顯著性 0.024<0.05，所以可以得出結論：假設3，即企業的性質不同對員工的組織社會化程度有顯著影響，不完全成立。在組織社會化組織理解度內容上，員工的社會化程度會因企業性質不同而有所不同，組織社會化其他內容變量受企業性質的影響不顯著。

（2）規模。

表4.16　企業規模與組織社會化的相關係數矩陣

		接受培訓度	組織理解度	同事支持度	固定	伴隨	個體	集體
規模	Pearson 相關性	0.097	-0.205**	-0.008	-0.091	0.112	-0.019	-0.074
	顯著性（雙側）	0.165	0.003	0.904	0.191	0.108	0.789	0.293
	N	207	207	207	206	206	206	206

** 表示在0.01水平（雙側）上顯著相關。

Pearson 的相關分析結果顯示：假設4，即企業的規模與員工的組織社會化程度呈正相關，不成立。企業規模與員工在組織社會化組織理解度內容角度上呈負相關（$P<0.01$），相關係數為-0.205，即規模越大，組織理解度越低。員工其他維度的組織社會化內容與企業規模的相關性不大。

3. 個人因素對組織社會化的影響

該部分主要是考察工作時間、工齡（工作經驗）、個體信息尋找戰術和尋找的信息內容對組織社會化的影響。對新員工組織社會化產生直接的、較大影響的個人因素很多，限於各種資源有限，本研究重點關注工齡和個體信息尋找戰術。

(1) 工作時間與工作經驗。

此處，我們對假設 5 和假設 6 進行驗證，得到表 4.17。

表 4.17　　　　工作時間、工作經驗分別與
　　　　　　　組織社會化的相關係數矩陣

		固定	伴隨	個體	集體	接受培訓度	組織理解度	同事支持度
工作時間	Pearson 相關性	0.001	-0.251**	-0.082	0.028	-0.054	-0.019	-0.040
	顯著性（雙側）	0.992	0.000	0.240	0.685	0.436	0.785	0.571
	N	206	206	206	206	207	207	207
工作經驗	Pearson 相關性	0.002	-0.013	-0.024	-0.040	-0.049	0.143*	0.011
	顯著性（雙側）	0.980	0.849	0.737	0.571	0.479	0.040	0.872
	N	206	206	206	206	207	207	207

** 表示在 0.01 水平（雙側）上顯著相關，* 表示在 0.05 水平（雙側）上顯著相關。

Pearson 的相關分析結果顯示：假設 5，即員工的工齡與工作時間對其組織社會化程度有顯著影響，成立；假設 5.1，即員工的工作時間與其組織社會化程度呈正相關，不成立；假設 5.2，即員工的工齡與其組織社會化程度呈正相關，成立。工作時間與組織社會化的社會戰術呈顯著負相關，即工作時間越長，通過有經驗的組織成員來幫助社會化的戰術越沒有效果，相關係數為-0.251；工齡（工作經驗）與組織社會化程度中的組織理解度呈正相關成立，即工齡越長，對組織的理解度越高，但相關係數僅為 0.143。

為瞭解員工信息尋找行為與組織社會化程度的相關性並驗證假設 6，我們運用 Pearson 分析，結果如表 4.18 所示。

表 4.18 新員工信息尋找行為與組織社會化程度的相關係數矩陣

		接受培訓度	組織理解度	同事支持度
組織	Pearson 相關性	0.102	-0.010	0.214**
	顯著性（雙側）	0.144	0.886	0.002
	N	205	205	205
角色	Pearson 相關性	0.228**	0.299**	0.137
	顯著性（雙側）	0.001	0.000	0.051
	N	205	205	205
工作	Pearson 相關性	0.206**	-0.042	0.226**
	顯著性（雙側）	0.003	0.552	0.001
	N	205	205	205
間接	Pearson 相關性	0.208**	0.487**	-0.004
	顯著性（雙側）	0.003	0.000	0.959
	N	202	202	202
第三者	Pearson 相關性	0.198**	0.122	0.207**
	顯著性（雙側）	0.005	0.084	0.003
	N	202	202	202
觀察	Pearson 相關性	0.303**	-0.001	0.126
	顯著性（雙側）	0.000	0.990	0.075
	N	202	202	202
直接	Pearson 相關性	0.135	0.069	0.307**
	顯著性（雙側）	0.055	0.329	0.000
	N	202	202	202

** 表示在 0.01 水平（雙側）上顯著相關。

Pearson 的相關分析結果顯示：假設 6，即員工的信息尋找行為對其組織社會化程度有顯著影響，不完全成立。員工尋找的組織信息與組織社會化程度的同事支持度呈顯著性相關；角色信息與組織社會化程度的接受培訓度和組織理解度呈顯著性相關；工作信息與組織社會化程度的同事支持度呈顯著性相關。

信息尋找戰術中的間接戰術與組織社會化程度的接受培訓度和組織理解度呈顯著性相關；第三者戰術與組織社會化程度

的接受培訓度和同事支持度呈顯著相關；觀察戰術與組織社會化程度的接受培訓度呈顯著相關；直接戰術與組織社會化程度的同事支持度呈顯著相關。

4. 組織因素對組織社會化的影響

為研究組織社會化策略與組織社會化程度之間的關係，並對假設 7 進行驗證，我們採用 Pearson 相關性分析進行檢驗，得到組織社會化策略與組織社會化程度的相關係數矩陣如表 4.19。

表 4.19 組織社會化策略與組織社會化程度相關係數矩陣

		接受培訓度	組織理解度	同事支持度
固定	Pearson 相關性	0.374**	0.253**	0.366**
	顯著性（雙側）	0.000	0.000	0.000
	N	204	204	204
伴隨	Pearson 相關性	0.401**	0.023	0.077
	顯著性（雙側）	0.000	0.748	0.275
	N	204	204	204
個體	Pearson 相關性	0.103	0.394**	−0.094
	顯著性（雙側）	0.144	0.000	0.181
	N	204	204	204
集體	Pearson 相關性	0.260**	−0.039	0.219**
	顯著性（雙側）	0.000	0.579	0.002
	N	204	204	204

** 表示在 0.01 水平（雙側）上顯著相關。

Pearson 的相關分析結果顯示：假設 7，即員工經歷的組織社會化策略對其組織社會化程度有顯著正向影響，成立；假設 7.1，即內容因素類策略對組織社會化程度的各個維度有正向影響，成立；假設 7.2，即社會因素類策略對接受培訓度有正向影響成立；假設 7.3，即情境因素類策略對組織社會化程度的各個維度有正向影響成立。

(二) 個體信息尋找行為的影響因素研究

此部分研究組織社會化過程中員工產生信息尋找行為的原因，這裡將考察人口統計學變量與信息尋找行為的關係，及員工的工作時間和工齡與信息尋找行為的關係。

1. 人口統計學變量對信息尋找行為的影響

表4.20表明，假設8不完全成立，新員工尋找的角色層面的內容受性別的影響顯著，工作層面和組織層面的內容受性別的影響不顯著；信息尋找中的第三者戰術受性別的影響顯著，其他戰術受性別的影響不顯著。

表4.20 人口統計學變量對信息尋找行為影響的方差分析

		平方和	df	均方	F	顯著性
組織	組間	0.031	1	0.031	0.031	0.861
	組內	205.969	205	1.005		
	總數	206.000	206			
角色	組間	8.193	1	8.193	8.491	0.004
	組內	197.807	205	0.965		
	總數	206.000	206			
工作	組間	0.944	1	0.944	0.944	0.332
	組內	205.056	205	1.000		
	總數	206.000	206			
間接	組間	1.366	1	1.366	1.368	0.243
	組內	201.634	202	0.998		
	總數	203.000	203			
第三者	組間	4.294	1	4.294	4.365	0.038
	組內	198.706	202	0.984		
	總數	203.000	203			
觀察	組間	3.405	1	3.405	3.446	0.065
	組內	199.595	202	0.988		
	總數	203.000	203			

第四章 個體信息尋找與組織社會化戰術交互作用下的新員工心理契約研究

表4.20(續)

		平方和	df	均方	F	顯著性
直接	組間	1.999	1	1.999	2.009	0.158
	組內	201.001	202	0.995		
	總數	203.000	203			

表4.21顯示了相關分析結果：年齡對信息尋找中的觀察戰術有顯著正相關，對尋找的角色層面的內容有顯著負相關；學歷對尋找的角色內容有顯著負相關。

表4.21 年齡和學歷與信息尋找的角色內容的相關性分析

		間接	第三者	觀察	直接	組織	角色	工作
年齡	Pearson 相關性	-0.087	-0.030	0.211**	-0.117	-0.012	-0.144*	-0.092
	顯著性（雙側）	0.219	0.673	0.002	0.097	0.866	0.039	0.188
	N	204	204	204	204	207	207	207
學歷	Pearson 相關性	-0.111	0.001	0.049	-0.131	0.107	-0.168*	-0.104
	顯著性（雙側）	0.118	0.985	0.491	0.064	0.127	0.017	0.137
	N	201	201	201	201	204	204	204

** 表示在0.01水平（雙側）上顯著相關，* 表示在0.05水平（雙側）上顯著相關。

2. 工作時間對信息尋找行為的影響

通過單因素方差分析（見表4.22）知，假設9不完全成立，員工工作時間不同，表現在尋找的信息內容上都不呈顯著性差異，即樣本沒有因為在組織中的工作時間不同，而尋找不同的信息內容。但是，在信息尋找戰術上，觀察戰術在樣本因進入組織的時間不同而呈現出顯著性差異。在員工進入組織後所需要尋找的信息基本上是不變的，即組織、角色、工作三方面的信息。但隨著員工進入組織的時間越長，新員工與其他員工的互動就變得更加簡單頻繁，相應地，新員工為了獲得其所需要的信息，所採取的信息尋找戰術發生了變化。

表 4.22　工作時間對信息尋找行為影響的方差分析

		平方和	df	均方	F	顯著性
組織	組間	20.865	17	1.227	1.253	0.228
	組內	185.135	189	0.980		
	總數	206.000	206			
角色	組間	24.569	17	1.445	1.506	0.096
	組內	181.431	189	0.960		
	總數	206.000	206			
工作	組間	20.188	17	1.188	1.208	0.261
	組內	185.812	189	0.983		
	總數	206.000	206			
間接	組間	26.785	17	1.576	1.663	0.053
	組內	176.215	186	0.947		
	總數	203.000	203			
第三者	組間	19.072	17	1.122	1.135	0.324
	組內	183.928	186	0.989		
	總數	203.000	203			
觀察	組間	31.205	17	1.836	1.987	0.014
	組內	171.795	186	0.924		
	總數	203.000	203			
直接	組間	24.987	17	1.470	1.536	0.086
	組內	178.013	186	0.957		
	總數	203.000	203			

3. 工齡對信息尋找行為的影響

通過單因素方差分析（見表4.23），工齡的長短與樣本對信息尋找內容沒有顯著性差異，與間接的信息尋找戰術也沒有顯著性差異，假設10不成立。

表 4.23　　工齡對信息尋找行為影響的方差分析

		平方和	df	均方	F	顯著性
組織	組間	2.761	4	0.690	0.686	0.602
	組內	203.239	202	1.006		
	總數	206.000	206			
角色	組間	7.204	4	1.801	1.830	0.124
	組內	198.796	202	0.984		
	總數	206.000	206			
工作	組間	1.405	4	0.351	0.347	0.846
	組內	204.595	202	1.013		
	總數	206.000	206			
間接	組間	5.970	4	1.492	1.507	0.201
	組內	197.030	199	0.990		
	總數	203.000	203			
第三者	組間	0.900	4	0.225	0.222	0.926
	組內	202.100	199	1.016		
	總數	203.000	203			
觀察	組間	0.379	4	0.095	0.093	0.985
	組內	202.621	199	1.018		
	總數	203.000	203			
直接	組間	6.370	4	1.592	1.612	0.173
	組內	196.630	199	0.988		
	總數	203.000	203			

Pearson 的相關分析結果顯示（如表 4.24）：新員工在組織社會化過程中，間接戰術與尋找的角色層面內容顯著相關，第三者戰術分別與組織和工作層面內容顯著相關，觀察戰術分別與組織和工作層面顯著相關，直接戰術分別與角色和工作層面內容顯著相關，假設 11 成立。

表 4.24　新員工信息尋找內容與信息尋找戰術的相關性分析

		組織	角色	工作
間接	Pearson 相關性	-0.076	0.415**	0.095
	顯著性（雙側）	0.281	0.000	0.179
	N	202	202	202
第三者	Pearson 相關性	0.301**	0.129	0.237**
	顯著性（雙側）	0.000	0.067	0.001
	N	202	202	202
觀察	Pearson 相關性	0.247**	0.043	0.162*
	顯著性（雙側）	0.000	0.542	0.021
	N	202	202	202
直接	Pearson 相關性	0.103	0.169*	0.179*
	顯著性（雙側）	0.145	0.016	0.011
	N	202	202	202

** 表示在 0.01 水平（雙側）上顯著相關，* 表示在 0.05 水平（雙側）上顯著相關。

（三）心理契約的影響因素研究

1. 工作時間對心理契約的影響

從表 4.25 顯示的單因素方差分析知，樣本因為在組織中的工作時間不同，心理契約在各個維度上發生了不同程度的變化。具體分析情況如下：樣本因為進入組織的工作時間不同，而在心理契約交易性義務預期上呈顯著性差異，在心理契約交易性義務執行、關係性義務執行、團隊性義務執行上沒有呈顯著性差異。因此，假設 12 不完全成立。

表 4.25　工作時間對心理契約影響的方差分析

		平方和	df	均方	F	顯著性
關係	組間	10.265	17	0.604	0.566	0.914
	組內	204.735	192	1.066		
	總數	215.000	209			

表4.25(續)

		平方和	df	均方	F	顯著性
團隊	組間 組內 總數	17.853 197.147 215.000	17 192 209	1.050 1.027	1.023	0.435
交易	組間 組內 總數	36.523 178.477 215.000	17 192 209	2.148 0.930	2.311	0.003
團隊執行	組間 組內 總數	26.422 182.578 209.000	17 192 209	1.554 0.951	1.634	0.059
關係執行	組間 組內 總數	20.924 188.076 209.000	17 192 209	1.231 0.980	1.257	0.225
交易執行	組間 組內 總數	16.154 192.846 209.000	17 192 209	0.950 1.004	0.946	0.521

2. 工齡對心理契約的影響

表4.26表明，樣本在組織中的工齡不同，心理契約在各個維度上沒有發生不同程度的變化。也即是說，員工進入組織的工齡不同，在心理契約預期和執行上沒有顯著性差異。因此，假設13不成立。

表4.26　　工齡對心理契約影響的方差分析

		平方和	df	均方	F	顯著性
關係	組間 組內 總數	4.204 210.796 215.000	4 205 209	1.051 1.028	1.022	0.397
團隊	組間 組內 總數	3.814 211.186 215.000	4 205 209	0.954 1.030	0.926	0.450

表4.26(續)

		平方和	df	均方	F	顯著性
交易	組間	6.081	4	1.520	1.492	0.206
	組內	208.919	205	1.019		
	總數	215.000	209			
團隊執行	組間	7.528	4	1.882	1.915	0.109
	組內	201.472	205	0.983		
	總數	209.000	209			
關係執行	組間	2.045	4	0.511	0.506	0.731
	組內	206.955	205	1.010		
	總數	209.000	209			
交易執行	組間	4.172	4	1.043	1.044	0.386
	組內	204.828	205	0.999		
	總數	209.000	209			

(四) 組織社會化戰術對心理契約的影響研究

1. 組織社會化戰術對心理契約預期的影響

分析結果顯示（見表4.27），在組織社會化戰術中，伴隨戰術、個體戰術和集體戰術與關係性義務的心理契約預期呈顯著性正相關，個體戰術與團隊性義務的心理契約預期呈顯著性正相關，集體戰術與交易性義務的心理契約預期呈顯著性正相關，即假設14.1不完全成立。

表4.27 組織社會化戰術對心理契約預期影響的相關性分析

		關係	團隊	交易
	N	210	210	210
固定	Pearson 相關性	0.118	0.069	0.245**
	顯著性（雙側）	0.092	0.325	0.000
	N	206	206	206

第四章　個體信息尋找與組織社會化戰術交互作用下的新員工心理契約研究

表4.27(續)

		關係	團隊	交易
伴隨	Pearson 相關性	0.151*	0.104	-0.043
	顯著性（雙側）	0.030	0.136	0.540
	N	206	206	206
個體	Pearson 相關性	-0.197**	0.090	0.041
	顯著性（雙側）	0.005	0.200	0.554
	N	206	206	206
集體	Pearson 相關性	0.168*	0.185**	0.201**
	顯著性（雙側）	0.016	0.008	0.004
	N	206	206	206

** 表示在0.01水平（雙側）上顯著相關，* 表示在0.05水平（雙側）上顯著相關。

2. 組織社會化戰術對心理契約執行的影響

分析結果顯示（見表4.28），在組織社會化戰術中，伴隨戰術和個體戰術與團隊性義務的心理契約執行呈顯著性正相關，伴隨戰術和個體戰術與關係性義務的心理契約執行呈顯著性正相關，假設14.2不完全成立。

表4.28　組織社會化戰術對心理契約執行影響的相關性分析

		團隊執行	關係執行	交易執行
	N	210	210	210
固定	Pearson 相關性	0.313**	0.091	0.245**
	顯著性（雙側）	0.000	0.191	0.000
	N	206	206	206
伴隨	Pearson 相關性	0.194**	0.273**	0.002
	顯著性（雙側）	0.005	0.000	0.974
	N	206	206	206
個體	Pearson 相關性	0.145*	0.146*	0.013
	顯著性（雙側）	0.038	0.036	0.854
	N	206	206	206

表4.28(續)

		團隊執行	關係執行	交易執行
集體	Pearson 相關性	-0.017	0.121	-0.044
	顯著性（雙側）	0.806	0.083	0.526
	N	206	206	206

** 表示在 0.01 水平（雙側）上顯著相關，* 表示在 0.05 水平（雙側）上顯著相關。

（五）信息尋找行為對心理契約的影響分析

1. 員工信息尋找行為對心理契約預期的影響

分析顯示（見表4.29），在信息尋找戰術中，第三者戰術和觀察戰術與關係性義務的心理契約預期呈顯著性正相關，間接戰術和觀察戰術與團隊性義務的心理契約預期呈顯著性正相關，第三者戰術與交易性義務的心理契約預期呈顯著性正相關，假設15.1不完全成立。

表4.29 信息尋找行為對心理契約預期的影響的相關性分析

		關係	團隊	交易
間接	Pearson 相關性	-0.037	0.206**	0.021
	顯著性（雙側）	0.601	0.003	0.762
	N	204	204	204
第三者	Pearson 相關性	0.193**	0.109	0.162*
	顯著性（雙側）	0.006	0.122	0.021
	N	204	204	204
觀察	Pearson 相關性	0.186**	0.155*	0.050
	顯著性（雙側）	0.008	0.027	0.477
	N	204	204	204
直接	Pearson 相關性	0.071	0.073	0.098
	顯著性（雙側）	0.315	0.301	0.163
	N	204	204	204

第四章 個體信息尋找與組織社會化戰術交互作用下的新員工心理契約研究

表4.29(續)

		關係	團隊	交易
組織	Pearson 相關性	0.276**	0.176*	0.109
	顯著性（雙側）	0.000	0.011	0.120
	N	207	207	207
角色	Pearson 相關性	0.004	0.151*	-0.049
	顯著性（雙側）	0.959	0.030	0.482
	N	207	207	207
工作	Pearson 相關性	0.116	0.133	0.065
	顯著性（雙側）	0.097	0.056	0.352
	N	207	207	207

** 表示在0.01水平（雙側）上顯著相關，* 表示在0.05水平（雙側）上顯著相關。

在尋找的內容中，組織信息的尋找與關係性義務的心理契約預期呈顯著性正相關，組織信息的尋找和角色信息的尋找與團隊性義務的心理契約預期呈顯著性正相關。

2. 員工信息尋找行為對心理契約執行的影響

分析顯示（見表4.30），在信息尋找戰術中，間接戰術和直接戰術分別與團隊性義務的心理契約執行和關係性義務的心理契約執行都呈顯著性正相關；在尋找的內容中，組織角色信息的尋找與團隊性義務的心理契約執行和交易性義務的心理契約執行都呈顯著性正相關。假設15.2不完全成立。

表4.30 信息尋找行為對心理契約執行的影響的相關性分析

		團隊執行	關係執行	交易執行
間接	Pearson 相關性	0.263**	0.141*	-0.003
	顯著性（雙側）	0.000	0.045	0.970
	N	204	204	204
第三者	Pearson 相關性	0.089	0.023	0.086
	顯著性（雙側）	0.205	0.740	0.219
	N	204	204	204

表4.30(續)

		團隊執行	關係執行	交易執行
觀察	Pearson 相關性	0.059	0.099	0.051
	顯著性（雙側）	0.404	0.157	0.472
	N	204	204	204
直接	Pearson 相關性	0.169*	0.153*	0.133
	顯著性（雙側）	0.015	0.029	0.058
	N	204	204	204
組織	Pearson 相關性	−0.009	0.136	0.099
	顯著性（雙側）	0.895	0.051	0.154
	N	207	207	207
角色	Pearson 相關性	0.216**	0.100	0.182**
	顯著性（雙側）	0.002	0.150	0.009
	N	207	207	207
工作	Pearson 相關性	0.060	0.078	−0.039
	顯著性（雙側）	0.390	0.262	0.580
	N	207	207	207

** 表示在0.01水平（雙側）上顯著相關，* 表示在0.05水平（雙側）上顯著相關。

（六）組織社會化戰術與員工信息尋找戰術交互作用對心理契約的影響

通過以上的相關分析，已經大致瞭解到組織社會化戰術、員工信息尋找行為兩者與員工心理契約各個維度的關係。為了再進一步檢驗中國企業的組織社會化戰術、員工信息尋找行為與員工心理契約的關係，本研究使用了迴歸分析的方法。

1. 組織社會化戰術與員工信息尋找戰術的交互作用對心理契約預期的影響分析

表4.31及表4.32分別顯示了兩種戰術交互作用對心理契約預期影響的方差分析以及影響系數。設因變量心理契約預期為y_1，自變量組織社會化戰術為x_1，信息尋找戰術為x_2，組

織社會化戰術與信息尋找戰術的交互為 $x_1 \times x_2$。

結果如下：$y_1 = 0.195x_1 + 0.318x_2 - 0.318x_1 \times x_2 + 0.032$。

心理契約預期是關於組織社會化戰術、信息尋找戰術和二者交互作用的函數，其系數分別為 0.195、0.318、-0.318。故心理契約的預期受到組織社會化戰術和信息尋找戰術的交互作用顯著影響，假設 16.1 成立。

表 4.31　兩種戰術交互作用對心理契約預期影響的方差分析

模型		平方和	df	均方	F	$Sig.$
1	迴歸	10.703	3	3.568	12.055	0.000[a]
	殘差	60.964	206	0.296		
	總計	71.667	209			

a. 預測變量：(常量)，交互，信息尋找戰術，組織社會化戰術。
b. 因變量：心理契約預期。

表 4.32　兩種戰術交互作用對心理契約預期影響的系數

模型		非標準化系數		標準系數	t	$Sig.$
		B	標準誤差	試用版		
1	(常量)	0.032	0.044		0.724	0.470
	組織社會化戰術	0.195	0.111	0.165	1.750	0.082
	信息尋找戰術	0.318	0.109	0.268	2.926	0.004
	交互	-0.186	0.138	-0.092	-1.353	0.178

a. 因變量：心理契約預期。

2. 組織社會化戰術與員工信息尋找戰術的交互作用對心理契約執行的影響分析

同樣適用迴歸法，設因變量心理契約預期為 y_2，自變量組織社會化戰術為 x_1，信息尋找戰術為 x_2，組織社會化戰術與信息尋找戰術的交互為 $x_1 \times x_2$，

結果如下：$y_2 = 0.396x_1 + 0.138x_2 + 0.023\ x_1 \times x_2 - 0.04$。

心理契約執行是關於組織社會化戰術、信息尋找戰術和二者交互作用的函數，其系數分別為 0.396、0.138、0.023。故

心理契約的執行受到組織社會化戰術和信息尋找戰術的交互作用顯著影響，假設16.2成立。（如表4.33、4.34。）

表4.33 兩種戰術交互作用對心理契約執行影響的方差分析

模型		平方和	df	均方	F	Sig.
1	迴歸	13.166	3	4.389	16.001	0.000ª
	殘差	56.501	206	0.274		
	總計	69.667	209			

a. 預測變量：（常量），交互，信息尋找戰術，組織社會化戰術。
b. 因變量：心理契約執行。

表4.34 兩種戰術交互作用對心理契約執行影響的系數

模型		非標準化系數 B	標準誤差	標準系數 試用版	t	Sig.
1	（常量）	-0.004	0.043		-0.093	0.926
	組織社會化戰術	0.396	0.107	0.339	3.691	0.000
	信息尋找戰術	0.138	0.105	0.117	1.314	0.190
	交互	0.023	0.132	0.012	0.174	0.862

a. 因變量：心理契約執行。

第五章

心理契約對員工離職意向的影響研究

心理契約和離職傾向是近幾年來西方組織行為學與人力資源管理領域中研究的熱點。鑒於員工離職可能對企業產生的嚴重影響，同時由於心理契約違背是直接導致員工離職的因素之一，本部分將在梳理相關理論文獻分析的基礎上，以調查問卷設計取得的數據為分析依據，以員工心理契約為自變量，以離職傾向作為因變量，研究心理契約對員工離職意向的影響及預測能力，以此凸顯有效管理員工心理契約的重要性，並為基於心理契約視角的勞動關係預警及協調機制的研究奠定基礎。

一、研究背景及現狀

知識經濟時代，人力資源管理對企業的成敗具有關鍵作用，企業也達成共識：人才是決定企業成敗的關鍵因素。因此，如何吸引人才、留住人才、防止人才流失成為所有企業共同關注的焦點。然而，人才流失卻成為當今社會的普遍現象，不僅增加了企業的成本，也影響了員工的士氣和積極性，員工

的組織忠誠度維繫也更為困難。

　　以往的研究中，多數學者從培訓、薪酬、晉升及職業發展等具體角度入手研究員工離職的問題，並沒有將工作及非工作方面因素整合併全面考慮，這造成了對員工離職問題的理解偏差和片面理解。自 March 和 Simon 在 1958 年從宏觀的角度對員工主動離職行為進行了研究之后，學術界開始關注這個問題，並出現了大量非常有價值的研究結果。特別是在西方發達國家，關於員工主動離職的研究有很多的理論與模型。國外對員工離職的研究較早，學者們主要圍繞離職及離職意向的定義、離職意向與離職行為的關係、影響員工離職意向的因素分析以及離職模型等幾方面進行研究。

　　從 20 世紀 80 年代中期開始，很多學者從心理契約的視角研究員工的離職問題，探討心理契約對離職意向的影響。心理契約由於內容的非正規性、模糊性和隱含性，又不像法律契約、經濟契約等書面契約具有強制的約束力，所以常常被人們忽視。但是，在企業建成、發展、雇傭關係變更的過程中，心理契約又是最集中、最敏感反映變化的因素。Schein（1980）認為，心理契約決定著員工對待組織的態度與行為。尤其是在中國，在東方文化道義為先的觀念下，心理契約的維繫方式就顯得更為重要。Guzzo、Noonan 和 Elron（1994），Freese 和 Schalk（1996）都對心理契約進行了實證研究。Wade-Benzoni 和 Rousseau（1997）以美國某高校的 170 名博士及其導師為研究對象，對其之間的心理契約關係調查研究發現，心理契約與員工工作質量、雙方滿意度有關。Turnley（2003）通過研究發現心理契約的履行程度和三種員工行為的績效是正相關的；此外，比起個人導向的公民組織行為，心理契約履行和組織導向的公民組織行為的關聯性要大得多；調查還顯示如果員工心理契約被違背，他們的工作績效將會受到影響。餘琛（2004）指出根據員工對組織的期望和組織履行義務的程度不同，可以

將員工心理契約分為「期望低，履行低」「期望高，履行高」「期望低，履行高」「期望高，履行低」這四種類型，並根據研究得出結論，「期望低，履行高」的員工離職意願最低，而「期望高，履行低」的員工離職意願最高。王璠（2008）以湖南、珠江三角洲、上海民營企業的中高層管理者作為研究對象研究性別差異在心理契約上的表現。曾斌（2010）、孫峰（2010）等以離職行為為研究對象。袁紅林（2009）從心理契約的角度，構建知識型員工的離職模型，研究了員工的心理契約的機構特點以及各個維度對工作滿意度及離職傾向的影響作用。研究結果發現，心理契約和離職意願量表具有較好的信度和效度，性別只在發展機會維度上存在顯著性差異，婚姻狀況只在物質激勵維度上存在顯著性差異，不同年齡階段群體在物質激勵、環境支持與離職傾向維度均存在顯著性差異，不同學歷群體只在離職傾向維度存在顯著差異性，不同職業群體與物質激勵維度、環境支持維度、發展機會維度及離職傾向維度均存在顯著差異。心理契約中物質激勵、環境支持及發展機會三個維度均與工作滿意維度存在正相關並與離職傾向維度負相關。其中，在知識型員工心理契約中，環境支持與發展機會維度對工作滿意度的影響最大，發展機會維度對離職傾向影響最大。

二、問卷設計

（一）員工心理契約的測量項目

二維結構說認為心理契約由交易維度和關係維度構成，目前在心理契約研究領域大多研究者持二維結構說觀點。

李原（2006）的研究發現心理契約由規範、人際和發展

三個維度構成。中國員工對企業心理契約履行更強調企業人際交往、環境，因為中國人時刻存在於複雜的社會關係中，其一切活動與社會關係密切相關，而這一維度在西方同類研究中往往被忽視。部分探討中西方文化差異的中國社會心理學家提出，在中國文化中，社會關係因素起到了至關重要的作用。在國內企業人力資源管理實踐中，一些管理者通過實踐指出要通過「待遇留人、事業留人、情感留人」這三種渠道降低員工離職，這恰恰與中國員工心理契約劃分為三維結構的結論不謀而合。基於中國文化特有背景並綜合上述結論，本研究採用三維結構——交易、發展和關係維度的心理契約量表（詳見表5.1）。

表 5.1　　　　　　　　心理契約量表

維度	項目
交易維度	1. 獲得的報酬與付出的代價基本相符 2. 獲得的報酬與付出的代價和同事相比基本公平 3. 獲得的報酬與同行業其他公司相比具有競爭力 4. 整體福利待遇（保險、薪酬、補貼、休假等） 5. 根據工作業績發放薪水和獎金 6. 公司提供安全舒適的工作環境
發展維度	7. 公司提供學習和培訓機會 8. 公司提供成長和進步的機會 9. 公司提供廣闊的職業發展空間 10. 公司提供晉升機會 11. 目前我的工作具有一定的挑戰性 12. 我在工作中承擔重要責任 13. 我在工作中擁有較高的自主性 14. 我在工作中能夠學到新的技能技巧 15. 我覺得工作很有趣 16. 我在公司有明確的目標方向

表5.1(續)

維度	項目
關係維度	17. 公司是否對員工的工作業績提供及時的反饋 18. 公司是否為員工提供了和諧友好的工作氛圍 19. 公司是否為員工提供長遠穩定的工作保障 20. 公司是否能夠公平對待員工 21. 我在工作中得到上級管理層的指導和支持 22. 公司是否具有充分的工作資源 23. 我得到上級的信任和尊重 24. 公司是否關心員工的個人生活 25. 公司是否認可員工的成就 26. 公司有我認同的企業文化和價值觀

該量表的測量項目均參考了國內外相關研究中所使用的問卷，最終形成了包括 26 個項目的問卷，交易維度 6 個項目，發展維度 10 個項目，關係維度 10 個項目。量表採用「李克特五點式量表法」，分為「完全不同意」「比較不同意」「不確定」「比較同意」「完全同意」5 個選項，分別賦予 1、2、3、4、5 的分數。得分越高表示越同意題項的說法，即心理契約實現的程度就越高。

(二) 員工離職意向的測量項目

本研究參考 Robinson（1996）在研究中使用的離職意向卷——經 Tsui（1997）對該量表進行驗證性因素分析，量表基本達到信度水平。本問卷一共有 4 個問題。D1：請問您個人的工作標準與組織工作標準間的衝突如何？D2：請問您目前的其他工作機會情況如何？D3：請問您改變目前工作狀態的可能性如何？D4：請問您目前尋找其他工作機會的可能性如何？

三、實證分析與討論

(一) 人口統計變量對各研究變量的差異性分析

本研究採用獨立樣本 T 檢驗分析性別對各研究變量的影響，並以單因素方差分析來檢驗其他控製變量如年齡、學歷、工齡、職位級別對各研究變量是否有顯著不同。

性別上，經過 T 檢驗，結果顯示不同性別的員工在心理契約的三個維度和離職意向上均無顯著性差異。

在年齡上，經過單因素方差分析，結果顯示不同年齡的員工對心理契約部分維度（例如心理契約的交易維度）存在顯著性差異，但不具有特別的規律性。但年齡對於離職意向存在顯著性差異，且規律性更明顯，繼而通過不同年齡段離職意向均值標準差的比較，可以發現，年齡的變化對離職意向雖有顯著性影響，但是並非線性的，而是呈現「凸」字形的起伏變化，即年輕的員工離職意向較低，隨著年齡的增長離職意向有所增長，但增長到一定年齡后，離職意向逐漸減弱甚至消失。

學歷對各研究變量的差異性分析，在於探討員工是否會因為學歷不同而對企業內心理契約的履行強度及離職意向等方面存在顯著差異。經過單因素方差分析，結果顯示不同學歷對於心理契約的各個維度和心理契約整體及離職意向均有顯著性差異。比較離職意向的均值可以看出，低學歷的員工比高學歷員工的離職意向低。隨著學歷的升高，離職意向也逐漸升高。從常理推斷高學歷者期望值更高，如果企業為他們提供的待遇和晉升空間短時間內得不到改變或提升，就容易導致其產生離職意向。此外，學歷的不同也影響心理契約的履行情況，但規律性不明顯。根據本研究統計，學歷對於心理契約的強度呈

「凹」字形分佈，高學歷員工和低學歷員工在心理契約的發展維度上履行較好。根據調查發現，高學歷員工在企業中受到更多的重視，獲得更多的晉升機會和發展空間，所以心理契約履行較好。但根據馬斯洛需求理論，低學歷員工在感知心理契約中，更多地關注心理契約的交易維度，較少關注發展和關係維度，故心理契約履行較好。

經過均值比較，可以看出工齡對離職意向及心理契約的履行強度的影響與年齡相似，呈「凸」字形分佈，新進員工和工齡特別長的老員工離職意向較低，且心理契約履行也較好。但分佈在中間工齡的員工離職意向較明顯，心理契約履行較差。

(二) 心理契約與離職意向的相關分析

相關性分析是研究變量之間協變關係的一種方法，相關性分析是指對兩個或多個具備相關性的變量元素進行分析，並通過計算相關係數從而衡量兩個變量因素的相關密切程度。相關係數 r 取值範圍為 $[-1, 1]$，$r>0$ 表示正相關，$r<0$ 表示負相關，$|r|$ 表示了變量之間相關程度的高低。特殊地，$r=1$ 表示變量存在完全正相關關係，$r=-1$ 則稱為完全負相關關係，$r=0$ 稱為不相關。通常 $|r|>0.8$ 時，認為兩個變量有很強的線性相關性；當 $|r|<0.3$ 時，表明變量之間的相關程度極弱；當 $0.3\leqslant|r|<0.5$ 時，表明變量低度相關；當 $0.5\leqslant|r|<0.8$ 時，表明變量之間中度相關。

根據我們的研究發現，心理契約與離職意向之間 $r=-0.615$，這個數據表示兩者之間存在顯著負相關關係。也就是說，企業職工的心理契約感知越高，那麼離職的可能性就越低。

此外，對離職意向與心理契約各維度之間的相關性進行分析時，我們發現，交易維度與離職意向呈現顯著負相關（$r=-0.597$），發展維度與整體離職傾向的相關係數 $r=-0.416$，關係維度與離職傾向的相關係數 $r=-0.629$。這些分別表明員

工對交易維度的感知越大時離職意向會越低，當員工對心理契約中的發展維度感知很高時，離職意向會隨之降低，關係維度也呈現相同的情況。

（三）心理契約與離職意向的實證分析

筆者主要希望通過實證迴歸，驗證心理契約對離職意向的預測能力。本研究分別對交易維度、發展維度和關係維度進行迴歸，結果發現整體上 F 值為 38.654，自變量與因變量之間符合線性迴歸，擬合優度為 59.8%，說明有一定的預測能力，可以把心理契約作為離職意向的重要參考變量（表 5.2）。

表 5.2　　　　　　　　實證迴歸結果

	非標準化系數	標準化系數	t	Sig.
常數	5.984	0.625	13.696	0
交易維度	-0.382	-0.361	-2.683	0.001
發展維度	-0.238	-0.197	-2.257	0.025
關係維度	-0.599	-0.356	-3.623	0.001
R^2	0.598	F	38.653	

四、研究結論

本部分通過文獻研讀和變量設計等理論研究，並結合問卷調查和數據分析等實證研究，驗證心理契約與離職意向之間的關係。主要研究結論如下：

（1）年齡。在年齡分組下，員工離職意向與心理契約之間有顯著性差異，但是並不呈現線性關係，而是如大部分研究

所認同的「凸」字形的變化。

（2）學歷。不同學歷的員工，其離職意向呈現巨大差異。員工學歷越高，離職意向越明顯，而學歷不高的員工對公司比較忠誠。這個可以用教育機會成本來解釋，學歷越高的員工，自身競爭力也強，不存在找不到工作的情況，因而希望獲得較高的收入。而低學歷員工，獲得工作的可能性較低，尋找工作的機會成本較大，因而希望在一個單位獲得穩定的工作。此外，學歷的不同也影響心理契約的履行情況，但規律性不明顯。但通過研究統計，有理由相信，高學歷員工在心理契約的發展維度上履行較好。

（3）工齡。工齡對離職意向及心理契約的履行強度的影響與年齡相似，呈「凸」字形分佈，即新近員工和工齡特別長的老員工離職意向較低，但分佈在中間工齡的員工離職意向較明顯。據研究結果可知，工齡越長的員工，其離職意向越低。主要是因為企業中老員工享受更好的薪酬待遇，其個人晉升與發展的機會也更多。故工齡長的員工在這些方面的滿意程度更高，更願意繼續留在企業工作。

（4）職位級別。不同職位級別員工對心理契約和離職意向存在差異。通過調查結果得知，職務高的管理人員工作得到了一定的肯定，各項待遇、福利與晉升機會都高於其他員工，故此他們與企業之間的心理契約的強度更高，更傾向於在企業長期工作。而部分基層管理者普遍認為心理契約中企業的責任履行不夠，他們離職的可能性更大，意向更明顯。

但值得注意的是，學歷較低的底層普通員工一般並不關注心理契約的發展和關係維度，因此其心理契約的履行程度較為良好，其離職意向也相對不高。

（5）心理契約與離職意向的關係。根據實證分析，心理契約的三個維度都與離職意向呈現負相關關係，心理契約對離職意向有顯著的影響。

第六章

心理契約視角下基層公務員職業倦怠研究

　　基層公務員作為政府政策的執行者、群眾的服務者,他們的工作效率、工作態度、工作積極性,直接關係到政府公共服務的質量,關係到政府形象,關係到政府的公信力,對國家的穩定發展具有重要的意義。近來,隨著國家反腐力度的加強,公務員的隱性福利逐漸縮水,加上公務員工資多年未漲或漲幅較小,在這種情況下,長期、單一的工作使得他們容易出現工作積極性降低、工作態度消極、工作壓力大(職業倦怠)等問題,偏遠欠發達地區甚至出現了基層公務員招聘難、留人難的現象。

　　在當前環境下,改變基層公務員基本福利、薪酬待遇一時之間難以實現,而基層公務員職業倦怠的危害和破壞性不容忽視。在這種情況下,本研究從心理契約的角度解析基層公務員職業倦怠的原因,從心理契約的方面,為解決基層公務員工作積極性低、服務態度差、易疲勞、無活力等問題,提供理論指導和實踐指導。具體而言,本研究通過發放調查問卷的形式,在重慶和山東範圍內發放問卷 250 份,回收有效問卷 205 份,對問卷獲取的數據利用 SPSS20.0 整理分析基層公務員的職業

倦怠的現狀、心理契約的具體維度；通過相關分析，瞭解不同類型的心理契約對其職業倦怠及職業倦怠各個維度的影響；瞭解人口統計學變量（性別、年齡、文化程度、婚姻狀況、工作年限、職位類別、單位所在地等）在基層公務員心理契約對其職業倦怠影響中的調節作用。

一、研究現狀

（一）公務員職業倦怠的相關研究

國外對公務員職業倦怠的研究很少，但中國學者對公務員職業倦怠的研究較為豐富，大致上可以分為兩類。一類對公務員職業倦怠的成因進行了研究。朱萱子（2009）認為組織支持感不足是公務員產生職業倦怠的主要原因。韓豔萍和張媛（2011）認為公務員職業倦怠是社會環境、政府組織和公務員自身三方共同作用的結果。繆國書（2012）基於雙因素理論視角對公務員職業倦怠現象進行探析，認為職業個體與工作之間的不協調關係、工作挑戰、激勵匱乏等因素是公務員職業倦怠現象的主要影響因素，通過「雙因素」理論中激勵因素的六個維度引入工作特徵模型，提出以增強工作競爭激勵性為主要宗旨，建立相應機制，以此預防和消解公務員職業倦怠。李景平（2012）主要研究了工作壓力在公務員職業倦怠現象產生過程中的影響作用，認為職業倦怠是工作負性壓力長期累積的結果，就壓力範疇而言，工作負荷、角色壓力、組織局限性壓力是影響公務員職業倦怠的主要因素。另一類研究主要是針對公務員的職業倦怠問題提出相應的解決對策，如陳雲華（2008）認為解決公務員的職業怠倦在於公務員的管理體制完善，要通過考評體系、人事任免制度和培訓制度的完善來降低

他們的職業倦怠感。江姍姍和焦永紀（2010）提出通過建立長效的檢查機制，經常檢驗員工的心理和行為，對公務員出現的倦怠問題及時地進行處理以干預職業怠倦，降低職業倦怠對員工與組織的不利影響。

（二）心理契約與職業倦怠相關研究

國內外有大量的學者對心理契約與員工行為的相關關係進行了大量的實證研究。Robinson（1994）認為心理契約能夠決定員工的工作態度和行為。Rousseau（1990）認為心理契約的違背能導致強烈的情緒變化，員工會義憤填膺，對組織不滿，進而會出現業績下滑、怠工缺勤、辭職等問題。Turnley（2005）認為心理契約的違背與員工的抱怨和曠工行為具有相關關係。此外，還有很多學者研究發現，心理契約違背與組織承諾、工作滿意度、角色內業績或行為、公民道德行為、工作努力等員工的積極態度和行為呈現負向相關關係；而與員工怠工、心理壓力、缺勤、消極的情感、離職意向等消極態度和行為呈現正向相關關係。這些研究表明，心理契約與員工行為及其員工職業倦怠具有相關的關係，也為研究基層公務員心理契約與職業倦怠的關係提供理論依據。中國的研究也發現心理契約與員工工作態度、各種不良行為的產生具有一定的聯繫。學者們基於此探究了心理契約與職業倦怠的關係。王建（2005）研究發現，心理契約的違背與員工消極的工作態度和行為有關，而且關係維度心理契約違背和交易維度心理契約違背導致員工情緒衰竭感增強。康勇軍和屈正良（2011）將工作滿意度作為仲介變量，研究了教師心理契約與職業倦怠的相關關係，表明心理契約與職業倦怠呈負相關關係。

二、概念模型

(一) 基本概念

1. 基層公務員

中國的公務員制度經歷了一個從無到有並不斷發展完善的過程。1987 年黨的十三大報告首次正式使用了「公務員」一詞，此後隨著社會的發展，政府管理的完善，公務員的概念也不斷地發展。現行的《中華人民共和國公務員法》由第十屆全國人民代表大會常務委員會第十五次會議於 2005 年 4 月 27 日通過，並且自 2006 年 1 月 1 日起施行。公務員法對公務員做出了明確的界定：公務員具體是指「依法履行公職、納入國家行政編制、由國家財政負擔工資福利的工作人員」。

雖然公務員法中明確規定了公務員的概念，但是對於哪些公務員屬於基層公務員卻沒有明文的規定和說明。「基層」這個概念在官方文件中只在公務員招聘考試中出現過，例如「擁有兩年的基層工作經驗」。「基層工作經驗」通常是指在縣級以下黨政機關、國有企事業單位、村（社區）組織及其他經濟組織、社會組織等工作過的經歷。在基層公務員的相關研究中，不同的學者從各自研究的角度出發對基層公務員的劃分提出了不同見解。總體來看，大多數研究者對基層公務員的範圍界定包含兩層意思：一是與中央政府體系相對而言的概念，是地方政府中的公務員群體；二是指在政府或機構任職層次較低的公務員群體。

鑒於以上分析，結合研究需要，本文將基層公務員界定為：基層公務員是在縣（市）級及其以下地方政府機關任職的，行政級別為科級及其以下，依法履行公職、納入行政編

制，並由國家財政負擔工資福利的工作人員，包括事業編制、參公編制的公務人員。

2. 心理契約

通過前述綜述，我們知道關於心理契約的定義有廣義和狹義之分，目前對此還沒有比較統一的界定——有的用期望來界定，有的用知覺、信念來界定，有的強調心理契約是組織與員工之間的雙邊契約，有的則單從員工一方對心理契約進行界定，不同的定義對應著不同的研究內容。基於此，本研究認為公務員心理契約是指公務員對組織責任的實際履行情況的認知，這種認知是公務員將組織實際履行的情況與自己內心預期相比較而形成的一種主觀判斷。我們認為，在政府組織中，公務員心理契約只有公務員個人能夠感知到，政府只是為公務員心理契約的形成提供一種大的背景。

與之前的心理契約的定義一樣，理念型心理契約是基層公務員單方面的感知，即理念型心理契約是員工對組織為其提供的各種資源對其追求、實現理念目標幫助程度的主觀認知。

3. 職業倦怠

對於職業倦怠，本研究採用的是 Maslach（2001）在美國心理學年會上給出的定義，這種定義在目前的職業倦怠研究中被廣泛採用，即認為：「職業倦怠是工作上的慢性情緒和人際壓力源的一種延遲反應，是一種個體情緒衰竭、去人格化和低個人成就感的症狀。」職業倦怠包括情緒衰竭、去人格化、低成就感。情緒衰竭是指個體在工作中失去活力與熱情，容易處於極度疲勞的狀態下，情緒衰竭是職業倦怠的核心維度，症狀表現最突出。去人格化是指個體與工作對象保持距離，對自己的工作環境和工作對象有冷淡、漠視的態度，在工作進行過程中，對工作內容應付了事，不再注重個人的發展，處於停滯狀態。低成就感是在評價自己的時候採用消極的評價方式，認為工作能力和成就下降，覺得工作是件非常枯燥乏味的事情，沒

有能力發揮自身能力。

(二) 研究模型與假設

1. 中國基層公務員心理契約的三維結構模型

目前中國公務員的工作態度存在很多情況。有的基層公務員即使工資微薄，職業上升的可能性極低，甚至感受到了組織沒有很好地踐行交易和關係方面的心理契約內容，但仍然堅守在自己的崗位上。也有部分公務員因為看到一些不好的官場現象，例如腐敗等問題，選擇辭職，從事別的行業——即使他們的待遇很好，也選擇離開。我們看到有些公務員在追求著一些理念和使命，這種理念和使命感使得他們即使感受到心理契約違背也毅然留在自己的崗位上。或者，有些公務員並沒有認同組織的理念或價值，從一開始就感到工作很不如意。當遇到這些情況時，往常經典的交易—關係兩維度模型並不能很好地解釋一些基層公務員的行為，為此，我們推斷基層公務員的心理契約中可能存在理念成分。把理念納入心理契約有助於解釋基層公務員與組織之間的關係，理念貨幣的引入能使我們對基層公務員的行為做出超越原有理論的、更加符合實際的解釋。一方面，作為職業群體的一部分，基層公務員具有一般員工所必然具有的共性特徵，而基層公務員的工作性質以及其用工組織（政府）的特殊性使得他們的心理契約與其他群體存在一定程度的不同。基層公務員的工作具有一定的公共性，他們在工作的過程中，可能會要求自己有一定的服務大眾的理念。另一方面，作為國家政策的執行者，基層公務員在行政與執法的過程中有一定的自由裁量權，這些權力的正確使用，對於人民權益的維護有重要的作用。國家要求公務員必須以公共利益為第一價值追求，基層公務員認同政府組織的價值理念對於執行落實政府政策有著重要的意義。為此，我們認為將理念型心理契約納入基層公務員心理契約的考察中顯得十分必要。此外，還有

一些學者已經在一些群體中驗證了理念型心理契約的存在。例如付海賓（2008）從員工責任和組織責任兩個層面，利用探索性因子分析驗證了在中國企業員工中理念型心理契約維度的存在。

基於以上梳理及分析，我們提出的本部分的研究框架。（圖6.1）

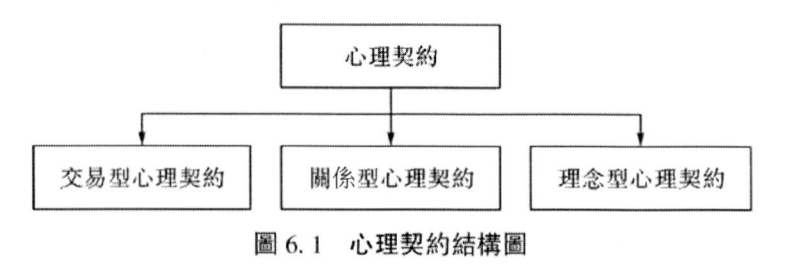

```
                    心理契約
        ┌──────────────┼──────────────┐
   交易型心理契約    關係型心理契約    理念型心理契約
```

圖6.1　心理契約結構圖

為此，我們提出如下假設：

假設17：基層公務員心理契約中理念型心理契約是一個獨立的維度。

2. 不同心理契約對基層公務員職業倦怠行為的影響模型

Robinson（1994）認為心理契約對員工的工作態度和行為有重要的影響和作用。Rousseau（1990）認為心理契約的違背能導致強烈的情緒變化，員工會義憤填膺，對組織不滿，進而會出現業績下滑、怠工缺勤、辭職等問題。Turnley（2005）認為隨著心理契約的違背程度的變化，員工的抱怨和曠工行為也會發生變化。此外，還有很多學者研究了心理契約與組織承諾、工作滿意度、角色內業績或行為、公民道德行為、工作努力等員工的積極態度和行為呈現負向相關關係；而與員工怠工、心理壓力、缺勤、消極的情感、離職意向等消極態度和行為呈現正向相關關係。在國內，王建（2005）認為心理契約的違背與員工消極的工作態度和行為有一定的聯繫，關係維度心理契約和交易維度心理契約會導致員工情緒衰竭感增強。此

外，在理念型心理契約部分，付海賓（2008）提出組織的理念心理契約的履行與員工滿意度、情感承諾和組織公民行為關係密切。王明輝、彭翠、方俐洛（2009）認為理念責任的違背可以導致員工採取退縮的態度、過激行為或導致員工對組織進行公開反對等。王勃琳（2012）研究了三種不同心理契約成分對員工角色內行為和組織公民行為的影響。綜上，我們認為心理契約履行與基層公務員的職業倦怠具有相關性，並且不同類型的心理契約對其職業倦怠影響程度不一樣。

基於以上梳理及分析，我們提出的本部分的研究框架。（圖6.2）

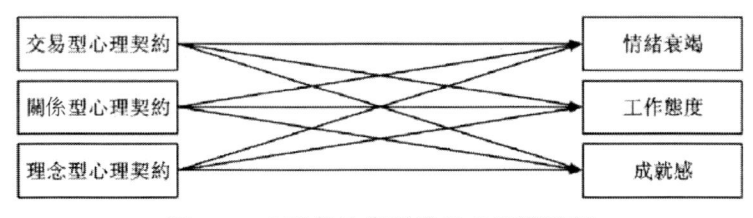

圖6.2　心理契約與職業倦怠相關關係

為此，我們提出如下假設：

假設18：基層公務員心理契約履行與其職業倦怠呈負相關關係。

假設18.1：基層公務員三個維度心理契約與其情緒衰竭負相關。

假設18.1.1：基層公務員交易型心理契約與其情緒衰竭負相關。

假設18.1.2：基層公務員關係型心理契約與其情緒衰竭負相關。

假設18.1.3：基層公務員理念型心理契約與其情緒衰竭負相關。

假設18.2：基層公務員三個維度心理契約與其工作態度

負相關。

假設 18.2.1：基層公務員交易型心理契約與其工作態度負相關。

假設 18.2.2：基層公務員關係型心理契約與其工作態度負相關。

假設 18.2.3：基層公務員理念型心理契約與其工作態度負相關。

假設 18.3：基層公務員三個維度心理契約與其成就感負相關。

假設 18.3.1：基層公務員交易型心理契約與其成就感負相關。

假設 18.3.2：基層公務員關係型心理契約與其成就感負相關。

假設 18.3.3：基層公務員理念型心理契約與其成就感負相關。

3. 心理契約對基層公務員職業倦怠影響的調節效應模型

調節變量是指如果兩個變量之間的關係（如 Y 與 X 的關係）是變量 M 的函數，稱 M 為調節變量（Baron & Kenny, 1986；James & Brett, 1984）。調節變量可以是性別、種族、學校類型、年齡、受教育年限、刺激次數，但是調節變量能夠成立的前提是不同的調節變量情境下，其他條件相同，自變量對因變量的影響是不一樣的。例如在領導風格對員工行為的影響中，員工自身的心理素質即可作為調節變量，因為不同心理素質的員工，在面對相同的領導風格時會產生不同的行為反應。

基於上述的解釋，我們發現性別、婚姻狀況、職業類別、文化程度、單位所在區域等因素都有可能在心理契約對職業倦怠的影響中產生調節作用。一方面，心理契約是員工個體的主觀意識，必定受到個體因素的影響。根據認知理論，個體性

別、文化程度、婚姻狀況等因素都會影響個體對與外界信息的加工和認知，員工心理契約的形成和違背受到這些因素的影響。另一方面，基層公務員職業倦怠程度受到其工作內容、個體抗壓能力等因素的影響，而這些因素又會受到員工性別、婚姻狀況、文化程度、職位類別（即工作內容有所不同）等因素的影響。因此，人口統計學變量對基層公務員的心理契約與職業倦怠都有影響。

基於此，我們提出本部分的研究模型（圖6.3），並提出研究假設如下：

假設19：性別、年齡、婚姻狀況、職位類別、月收入等人口統計學變量在基層公務員心理契約對其職業倦怠影響中起調節作用。

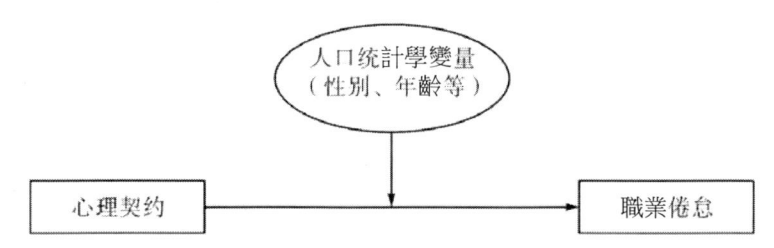

圖6.3　以人口統計學變量為調節變量的心理契約對職業倦怠的影響

(三) 總體研究結構

本研究從心理契約角度入手，主要探討三個研究問題：第一個問題是研究基層公務員群體心理契約中是否存在理念型心理契約維度；第二個問題是研究基層公務員心理契約對其職業倦怠的總體影響，並比較理念維度和交易維度、關係維度對基層公務員職業倦怠中情緒衰竭、工作態度、成就感影響大小的差異程度；第三個問題是驗證人口統計學變量在基層公務員心理契約對其職業倦怠影響中的調節作用。基於此，論文的總體研究結構如圖6.4。

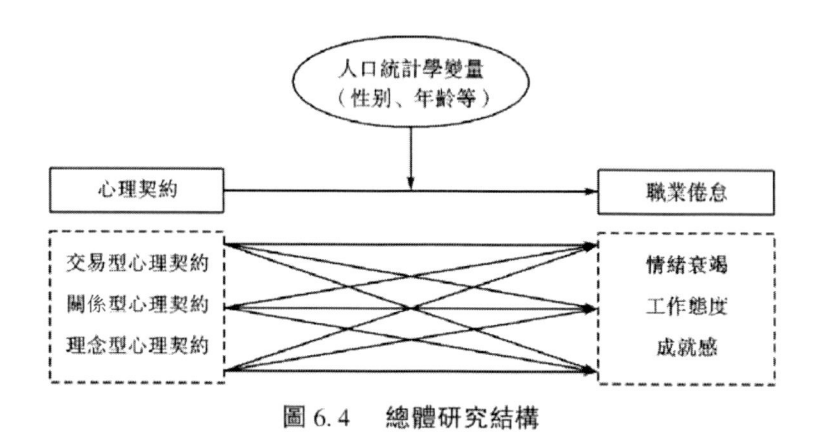

○ 交互視角下員工心理契約及勞動關係協調研究

圖 6.4　總體研究結構

三、問卷設計及研究

(一) 初始調查問卷的形成

問卷包括三個部分，第一部分為基本信息，第二部分為心理契約問卷，第三部分為職業倦怠問卷。

被調查者的基本信息包括性別、年齡、文化程度、婚姻狀況、工作年限、月收入、職位類別、單位所在區域等。

表 6.1　　　　　　基本信息統計變量

項目	類別	代表數字
性別	男	1
	女	2
年齡	25 歲及以下	1
	26~35 歲	2
	36~45 歲	3
	45 歲以上	4

第六章　心理契約視角下基層公務員職業倦怠研究

表6.1(續)

項目	類別	代表數字
文化程度	高中/中專	1
	大專/本科	2
	碩士及以上	3
婚姻狀況	已婚	1
	未婚	2
工作年限 (作為公務員)	2年以下	1
	2~4年	2
	5~10年	3
	11~20年	4
	20年以上	5
月收入	1,500元以下	1
	1,500~3,000元	2
	3,001~5,000元	3
	5,000元以上	4
職位類別	綜合管理類	1
	專業技術類	2
	行政執法類	3
	法官與檢察官類	4
	其他	5
單位所在區域	市級	1
	區級	2
	縣級	3
	鄉鎮	4

　　在公務員工作類別中，本研究參照公務員法對於公務員工作的類別進行了劃分，主要有以下幾類：綜合管理類，指在工作領域從事研究、政策制定工作的職位類別；專業技術類，指承擔專業技術職責，為實施公共管理提供直接的技術支持和保障的工作崗位，如公安的法醫、海關的商品歸類、工程技術工作、化驗技術工作，等等；行政執法類，指在工商、稅務、質檢、環保等基層組織中從事市場監管與社會管理職能的行政部

門中的員工。

　　基層公務員心理契約調查問卷，主要是結合了 Rousseau (2000) 編制的心理契約調查問卷 (PCI) 的部分內容和付海賓 (2008) 編制的理念型心理契約調查問卷的部分內容，在此基礎上與基層公務員探討，結合公務員實際情況，將問卷修正，使其符合公務員的實際情況。具體而言，本研究的心理契約問卷包括：理念維度部分，借鑑付海賓 (2008) 所編制的中文量表，其中理念型題目6道，問卷的 α 系數為 0.769，分半信度為 0.776，說明此量表具有較好的內部一致性信度，是值得借鑑的；交易維度與關係維度下題目各6道（使用了 PCI 問卷中的部分題目，PCI 問卷的信度在以往的研究中已被證明具有很好的信度效度）。至此，就形成了基層公務員的心理契約量表。

　　關於基層公務員職業倦怠問卷，本研究採用的是 MBI-GS 量表。該量表與 MBI 量表相比，更加適合基層公務員群體的情形，這也是職業倦怠研究中被廣泛使用的量表。這個量表共15個題目，有情緒衰竭、工作態度和成就感三個維度，每個維度對應5道題目，分別是量表中的1~5題，6~10題和11~15題。量表採用七點計分法，按出現頻率從「0」到「6」依次計分：「0」表示從未出現過這種情況，「1」表示極少出現這種情況（一年幾次或者更少），「2」表示偶爾出現這種情況（一個月一次或者更少），「3」表示經常出現這種情況，「4」表示頻繁出現這種情況（一個月幾次），「5」表示非常頻繁出現這種情況（每星期一次），「6」表示每天都出現這種情況。

（二）前測分析

　　由於心理契約部分問卷一部分使用的是 Rousseau 編制的「心理契約調查問卷」中的交易維度下的題目和關係維度下的題目，另一部分使用的是付海賓所編制的企業員工理念型心理

契約問卷，其問卷在基層公務員群體中是否適用，我們並不清楚。為此，我們需要在使用問卷前，對問卷的有效性和一致性進行檢測。前期問卷預調查，共發放了80份問卷，收回有效問卷74份，問卷有效回收率為92.5%。

樣本在性別、年齡、文化程度、婚姻狀況、工作年限、月收入、職位類別及單位所在區域上的分佈情況見表6.2。

表6.2　　　　　　　預調查對象描述性統計

項目	類別	人數	百分比（%）
性別	男	34	45.9
	女	40	54.1
年齡	25歲及以下	17	23.0
	26~35歲	49	66.2
	36~45歲	2	2.7
	45歲以上	6	8.1
文化程度	高中/中專	2	2.7
	大專/本科	64	86.5
	碩士及以上	8	10.8
婚姻狀況	已婚	28	37.8
	未婚	46	62.2
工作年限（作為公務員）	2年以下	37	50.0
	2~4年	23	31.1
	5~10年	5	6.8
	11~20年	3	4.1
	20年以上	6	8.1
月收入	1,500元以下	0	0
	1,500~3,000元	41	55.4
	3,001~5,000元	33	44.6
	5,000元以上	0	0

表6.2(續)

項目	類別	人數	百分比（%）
職位類別	綜合管理類	25	33.8
	專業技術類	12	16.2
	行政執法類	30	40.5
	法官與檢察官類	1	1.4
	其他	6	8.1
單位所在區域	市級	11	14.9
	區級	21	28.4
	縣級	27	36.5
	鄉鎮	15	20.3

1. 信度分析

信度是指問卷調查結果對調查對象反映的準確程度。內部一致性信度是指測量同一概念或維度的多個指標的一致性程度，例如測量情緒衰竭的五個題目的一致性程度如何，是不是都是對情緒衰竭的解釋。本研究主要採用克朗巴赫系數（Cronbach's Alpha）來檢驗量表內部一致性信度。通常認為，信度系數應該在0~1，如果量表的信度系數在0.9以上，表示量表的信度很好；如果量表的信度系數在0.8~0.9，表示量表的信度可以接受；如果量表的信度系數在0.7~0.8，表示量表有些項目需要修訂；如果量表的信度系數在0.7以下，表示量表有些項目是不能使用的。

在進行信度檢驗時，我們不僅需要對整個量表的一致性程度進行測量，還需要對各個維度下的題目的一致性程度進行測量，只有這樣才能夠充分說明量表的一致性程度。就心理契約量表而言，心理契約量表的 α 系數為0.952，理念型維度的 α 系數為0.860，交易型維度的 α 系數為0.840，關係型維度的 α 系數為0.916。（見表6.3）因此本次調研中所使用的心理契約量表的信度很好。就職業倦怠量表而言，職業倦怠量表的 α

系數為 0.776，情緒衰竭維度的 α 系數為 0.919，工作態度維度的 α 系數為 0.715，成就感維度的 α 系數為 0.864。（見表 6.4）因此，職業倦怠量表的信度較高，是可以使用的。

表 6.3　　　　　　　心理契約量表信度情況

心理契約量表	Cronbach's Alpha	項數
心理契約	0.952	18
理念型	0.860	6
交易型	0.840	6
關係型	0.916	6

表 6.4　　　　　　　職業倦怠量表信度情況

職業倦怠量表	Cronbach's Alpha	項數
職業倦怠	0.776	15
情緒衰竭	0.919	5
工作態度	0.715	5
成就感	0.864	5

2. 效度分析

效度有效性，指所使用量表能夠準確地測量出所需測量的事物的的程度，即量表的有效性和準確性。效度的測量主要有內容效度、準則效度和結構效度三種。內容效度是指量表測量的題目對有關內容或行為的代表性，即量表測量的內容能不能夠代表所要研究的某些行為。準則效度是指測量的個體在某些情境下行為表現是不是有效的。結構效度是指量表能夠測量到理論上的結構或維度的程度。本研究中，我們對測量量表的結構效度進行分析，效度分析主要方法是利用探索性因子分析來進行的。具體而言在做因子分析前，需先做 KMO 測量和 Bartlett 球體檢驗，驗證是否適合做因子分析。KMO 在 0.9 以

上為非常適合；0.8~0.9 為很適合；0.7~0.8 為適合；0.6~0.7為勉強適合；0.5以下表示不適合做因子分析（馬慶國，2002）。本研究利用統計軟件 SPSS 20.0 對心理契約、職業倦怠進行了測量，利用主成分因子分析法提取特徵值大於 1 的因子，並利用最大方差旋轉法對因子載荷低的項目進行了旋轉。首先，我們對心理契約量表效度進行分析（見表6.5）。

表6.5　心理契約量表 KMO 檢驗和 Bartlett 的檢驗

取樣足夠度的 Kaiser-Meyer-Olkin 度量。		0.885
Bartlett 的球形度檢驗	近似卡方	1,245.126
	df	153
	Sig.	0.000

檢驗結果表明：KMO 檢驗值為 0.885，大於 0.70，說明心理契約量表適合進行因子分析。Bartlett 球形檢驗結果顯示，近似卡方值為 1,245.126，其顯著性概率為 0.000（$P<0.01$），很顯著，因此，我們拒絕 Bartlett 球形檢驗的零假設，認為整體量表的效度結構良好，適合做因子分析。

然后，我們進行因子分析（見表6.6）。先運用主成分分析法，抽取特徵值大於 1 的因素，並對因素進行最大方差旋轉，共得到 3 個因子，分別命名為理念型維度、交易型維度和關係型維度，同時我們看到方差累積解釋率為 71.47%。在顯示數據時，我們設置為小於 0.5 的不顯示，最終得到表 6.7，各因子載荷均在 0.5 以上，同時跨因子載荷均低於 0.5，這說明量表具有清晰的內部結構，整體的構念效度較高。

表 6.6　　　　　　心理契約的總體方差分解

	解釋的總方差								
	初始特徵值			提取平方和載入			旋轉平方和載入		
成分	合計（％）	方差的百分比（％）	累計（％）	合計（％）	方差的百分比（％）	累計（％）	合計（％）	方差的百分比（％）	累計（％）
1	10.374	57.631	57.631	10.374	57.631	57.631	6.566	36.476	36.476
2	1.367	7.596	65.226	1.367	7.596	65.226	4.075	22.639	59.115
3	1.124	6.243	71.470	1.124	6.243	71.470	2.224	12.355	71.470
4	0.979	5.440	76.909						
5	0.869	4.829	81.738						
6	0.682	3.792	85.530						
7	0.575	3.196	88.725						
8	0.360	2.001	90.726						
9	0.342	1.903	92.629						
10	0.272	1.509	94.138						
11	0.234	1.297	95.435						
12	0.197	1.097	96.532						
13	0.157	0.871	97.403						
14	0.135	0.752	98.155						
15	0.109	0.607	98.762						
16	0.103	0.570	99.332						
17	0.074	0.409	99.741						
18	0.047	0.259	100.000						

提取方法：主成分分析法。

表 6.7　　　　　　旋轉成分矩陣

	成分		
	1	2	3
貴單位的一切活動都圍繞著組織的使命而開展	0.825		
貴單位投入了各種資源來確保組織理念和目標的實現	0.818		
就是犧牲部分利益，單位也堅持了既定的理念	0.769		
單位為你提供了投身於公眾服務事業的機會	0.681		
單位鼓勵員工積極參與組織的使命	0.737		
單位公開倡議、積極宣傳了組織的理念和目標	0.532		
提供安全的工作環境		0.780	
提供合理公平的薪酬		0.652	
提供相應的福利待遇（如醫療、社保）		0.833	
尊重員工的權利和尊嚴		0.687	
對額外的工作進行獎勵		0.881	

表6.7(續)

	成分		
	1	2	3
提供資源充分的工作條件		0.715	
提供培訓和發展的機會			0.608
提供適度的工作自主權			0.851
幫助解決生活困難			0.643
提供事業發展的機會			0.657
提供了公平的晉升渠道			0.661
適當的人文關懷			0.727

提取方法：主成分分析法。

旋轉法：具有 Kaiser 標準化的正交旋轉法。

a. 旋轉在 5 次迭代后收斂。

對職業倦怠量表的效度分析，結果如表6.8。

表6.8　職業倦怠量表 KMO 檢驗和 Bartlett 的檢驗

取樣足夠度的 Kaiser-Meyer-Olkin 度量。		0.736
Bartlett 的球形度檢驗	近似卡方	883.252
	df	105
	Sig.	0.000

檢驗結果表明：KMO 檢驗值為 0.736，大於 0.70，說明職業倦怠量表適合進行因子分析。Bartlett 球形檢驗結果顯示，近似卡方值為 883.252，顯著性概率為 0.000（$P<0.01$），顯著性較高，因此拒絕 Bartlett 球形檢驗的零假設，認為整體量表的效度結構良好，適合做因子分析。

進行因子分析使用主成分分析法，抽取特徵值大於 1 的因素，並對因素進行最大方差旋轉，共得到 3 個因子，分別命名為情緒衰竭、工作態度和成就感，方差累積解釋率為 73.606%（見表6.9）。如表 6.10 所示，各因子載荷均在 0.5 以上，同時跨因子載荷均低於 0.5，這說明量表具有清晰的內部結構，

整體的構念效度較高。

表6.9　　　　　　　　心理契約的總體方差分解

成分	解釋的總方差							
	初始特徵值			提取平方和載入			旋轉平方和載入		
	合計（%）	方差的百分比（%）	累計（%）	合計（%）	方差的百分比（%）	累計（%）	合計（%）	方差的百分比（%）	累計（%）
1	5.582	37.215	37.215	5.582	37.215	37.215	3.897	25.977	25.977
2	3.899	25.995	63.210	3.899	25.995	63.210	3.794	25.292	51.269
3	1.559	10.396	73.606	1.559	10.396	73.606	3.351	22.337	73.606
4	0.848	5.654	79.260						
5	0.671	4.474	83.734						
6	0.484	3.227	86.961						
7	0.436	2.907	89.868						
8	0.310	2.065	91.933						
9	0.280	1.868	93.801						
10	0.269	1.795	95.596						
11	0.226	1.509	97.104						
12	0.179	1.194	98.298						
13	0.131	0.876	99.174						
14	0.064	0.428	99.602						
15	0.060	0.398	100.000						

提取方法：主成分分析法。

表6.10　　　　　　　　旋轉成分矩陣

	成分		
	1	2	3
工作讓我感到身心俱疲		0.850	
下班的時候感到精疲力竭		0.764	
早晨起床不得不面對一天的工作，我感到非常累		0.884	
整天工作對我來說確實壓力很大		0.871	
工作讓我有快要崩潰的感覺		0.833	
對工作越來越提不起興趣			0.738
我對工作不像以前那樣熱心了			0.848
我感覺工作沒有意義			0.907
對自己的工作是否有貢獻根本不關心			0.816
我能有效地解決工作中的問題			0.768
我覺得我為組織做了有用的貢獻	0.865		
感覺工作中能充分發揮自己的才能	0.804		

表6.10(續)

	成分		
	1	2	3
完成工作時，感到很高興，感覺有成就感	0.638		
能夠有效地完成各項工作	0.828		
工作中我所做的事情都是有意義或者有價值的	0.738		

提取方法：主成分分析法。

旋轉法：具有 Kaiser 標準化的正交旋轉法。

a. 旋轉在 5 次迭代后收斂。

(三) 正式調查問卷的形成

通過預調查對心理契約量表與職業倦怠量表的信度和效度進行檢驗，發現兩個量表的信度與效度都不錯，尤其是心理契約量表在加入理念型心理契約的題項後，其信度和構念效度仍很好，且方差解釋率有所提高，故我們將原問卷作為正式調查問卷進行發放。

四、研究結果分析

(一) 樣本的發放與回收

本次調查採用整群抽樣的方法，選取重慶、山東兩地的基層公務員為調查對象，首先根據本研究最初對基層公務員的界定，確定調查的部門：法院、檢察院、公安局、人事局、審計局、財政局、招商局、信訪辦、城管局、勞動保障局、工商局、國稅局、地稅局、鄉鎮政府等部門，然后再從每個部門抽取一定數量的基層公務員作為調查對象。在調查過程中，主要利用同學、朋友、親屬等個人關係網上發放與線下發放相結合，並回收問卷，以最大限度地保證調查問卷的有效性。

(二) 樣本描述

本次調查一共發放問卷 250 份，回收有效問卷 205 份，回收率為 82%。樣本在性別、年齡、文化程度、婚姻狀況、工作年限、月收入、職位類別及單位所在區域上的分佈情況見表 6.12。

表 6.12　　　　　　　調查對象描述性統計

項目	類別	人數	百分比（%）
性別	男	96	46.8
	女	109	53.2
年齡	25 歲及以下	45	22.0
	26~35 歲	140	68.3
	36~45 歲	4	2.0
	45 歲以上	16	7.8
文化程度	高中/中專	4	2.0
	大專/本科	181	88.3
	碩士及以上	20	9.8
婚姻狀況	已婚	76	37.1
	未婚	129	62.9
工作年限（作為公務員）	2 年以下	105	51.2
	2~4 年	64	31.2
	5~10 年	12	5.9
	11~20 年	8	3.9
	20 年以上	16	7.8
月收入	1,500 元以下	0	0
	1,500~3,000 元	108	52.7
	3,001~5,000 元	97	47.3
	5,000 元以上	0	0

表6.12(續)

項目	類別	人數	百分比（%）
職位類別	綜合管理類	76	37.1
	專業技術類	32	15.6
	行政執法類	73	35.6
	法官與檢察官類	4	2.0
	其他	20	9.8
單位所在區域	市級	28	13.7
	區級	57	27.8
	縣級	76	37.1
	鄉鎮	44	21.5

　　從樣本性別分佈來看，男性96人（46.8%），女性109人（53.2%）；從年齡來看，25歲及以下45人（22.0%），26~35歲140人（68.3%），36~45歲4人（2.0%），45歲以上16人（7.8%）；從文化程度來看，高中/中專學歷4人（2.0%），大專/本科學歷181人（88.3%），碩士及以上學歷20人（9.8%）；從婚姻狀況來看，已婚76人（37.1%），未婚129人（62.9%）；從工作年限來看，2年以下105人（51.2%），2~4年64人（31.2%），5~10年12人（5.9%），11~20年8人（3.9%），20年以上16人（7.8%）；從月收入來看，1,500~3,000元108人（52.7%），3,000~5,000元97人（47.3%）；從職業類別來看，綜合管理類76人（37.1%），專業技術類32人（15.6%），行政執法類73人（35.6%），法官與檢察官類4人（2.0%），其他20人（9.8%）；從單位所在區域來看，市級28人（13.7%），區級57人（27.8%），縣級76人（37.1%），鄉鎮級44人（21.5%）。

　　由於在預調查時，問卷的信度和效度已經做過檢驗，且信度與效度水平較高，故此處不再進行信度與效度的檢驗。

（三）三維結構驗證

探討公務員心理契約中理念成分存在與否，即探討在公務員心理契約中，理念成分能否與交易成分、關係成分區分開並成為一個獨立的維度。

我們利用 SPSS 20.0 進行探索性因素分析，採用主成分分析法，抽取特徵值大於 1 的因素，並對因素進行最大方差旋轉，共得到 3 個因子，如表 6.7，我們在心理契約問卷中所設定的理念型維度的題項 b1、b4、b7、b10、b13、b16 都在因子 1 之下且其解釋率也較高，理念型心理契約能夠成為一個獨立的因子存在於心理契約中，假設 17 得到驗證。

（四）相關分析

相關分析主要是研究變量之間是否具有依存關係、變量間相關程度和相關方向的一種統計分析方法。為進一步探討心理契約與職業倦怠的相關關係，本研究擬對心理契約和職業倦怠及其各成分（因子）作相關分析，具體採用 Pearson 相關係數來測量變量之間的相關性。（見表 6.13）

表 6.13　　心理契約與職業倦怠相關分析

		心理契約	職業倦怠
心理契約	Pearson 相關性	1	-0.136^*
	顯著性（雙側）		0.032
	N	205	205
職業倦怠	Pearson 相關性	-0.136^*	1
	顯著性（雙側）	0.032	
	N	205	205

* 表示在 0.05 水平（雙側）上顯著相關。

先對職業倦怠與心理契約進行 Pearson 相關分析我們發現心理契約與職業倦怠之間具有顯著（$P<0.05$）的負向相關關

係，且相關係數為-0.136。

我們對心理契約的各個維度與職業倦怠的相關性進行分析。(見表6.14、表6.15、表6.16)

表6.14　交易型心理契約與職業倦怠相關分析

		職業倦怠	交易維度
職業倦怠	Pearson 相關性 顯著性（雙側） N	1 205	-0.664** 0.000 205
交易維度	Pearson 相關性 顯著性（雙側） N	-0.664** 0.000 205	1 205

** 表示在0.01水平（雙側）上顯著相關。

表6.15　關係型心理契約與職業倦怠相關分析

		職業倦怠	關係維度
職業倦怠	Pearson 相關性 顯著性（雙側） N	1 205	-0.612** 0.000 205
關係維度	Pearson 相關性 顯著性（雙側） N	-0.612** 0.000 205	1 205

** 表示在0.01水平（雙側）上顯著相關。

表6.16　理念型心理契約與職業倦怠相關分析

		職業倦怠	理念維度
職業倦怠	Pearson 相關性 顯著性（雙側） N	1 205	-0.438** 0.000 205
理念維度	Pearson 相關性 顯著性（雙側） N	-0.438** 0.000 205	1 205

** 表示在0.01水平（雙側）上顯著相關。

根據上述分析結果，我們發現：交易維度的心理契約與其職業倦怠的相關係數為-0.664，關係維度的心理契約與其職業倦怠的相關係數為-0.612，理念型心理契約與其職業倦怠的相關係數為-0.438，均在0.01的水平上呈負相關。

然后我們對心理契約的各個維度與職業倦怠的各個維度的相關性進行分析，得到表6.17。

表6.17　三種心理契約與職業倦怠各個維度之間的相關分析

		情緒衰竭	工作態度	成就感
理念維度	Pearson 相關性	-0.004	-0.533**	0.414**
	顯著性（雙側）	0.952	0.000	0.000
	N	205	205	205
交易維度	Pearson 相關性	-0.267**	-0.711**	0.458**
	顯著性（雙側）	0.000	0.000	0.000
	N	205	205	205
關係維度	Pearson 相關性	-0.162*	-0.699**	0.459**
	顯著性（雙側）	0.020	0.000	0.000
	N	205	205	205

** 表示在0.01水平（雙側）上顯著相關，* 表示在0.05水平（雙側）上顯著相關。

情緒衰竭與理念維度、交易維度、關係維度的相關係數分別為-0.004、-0.267、-0.162；工作態度與理念維度、交易維度、關係維度的相關係數分別為：-0.533、-0.711、-0.699；成就感與理念維度、交易維度、關係維度的相關係數分別為0.414、0.458、0.459。在顯著性水平0.05上，情緒衰竭與關係維度負相關；在顯著性水平0.01上，情緒衰竭和交易維度呈負相關關係。工作態度和理念維度、交易維度、關係維度分別呈負相關關係。成就感和理念維度、交易維度、關係維度分別呈負相關關係。

(五) 迴歸分析

1. 交易維度、關係維度對情緒衰竭的影響

由於上述相關分析中,只有交易維度和關係維度與情緒衰竭有顯著相關關係,理念維度與情緒衰竭維度的相關性不高,故只選擇交易維度和關係維度進入迴歸方程。將交易維度和關係維度作為自變量,情緒衰竭作為因變量進行迴歸分析,得到結果如表6.18。

表6.18 交易維度和關係維度對情緒衰竭的迴歸分析

因變量	自變量	標準系數	t	Sig.	R^2	調整 R^2	F	Sig.
情緒衰竭	交易維度	-0.550	-3.906	0.000	0.095	0.086	10.569	0.000[b]
	關係維度	0.322	2.286	0.023				

a. 因變量:情緒衰竭。
b. 預測變量:(常量)、交易維度、關係維度。

從表6.18的分析結果可以看到,迴歸模型調整的 R^2 為0.086,F 值為10.569,模型的顯著性為0.000,顯著性水平較高,表明交易維度和關係維度的心理契約對情緒衰竭具有預測力,即說明交易維度和關係維度可以解釋情緒衰竭8.6%的變化;模型迴歸效果顯著。交易維度的標準化系數值為-0.550,關係維度的標準化系數值為0.322,標準迴歸方程為:情緒衰竭=-0.550交易維度+0.322關係維度。

2. 心理契約對工作態度的影響

在前文的相關分析中,我們發現職業倦怠中的工作態度與心理契約中的三個維度均有相關性,故將交易維度、關係維度和理念維度作為自變量,將工作態度作為因變量進行分析,結果如表6.19。

表 6.19　　　心理契約對工作態度的迴歸分析

因變量	自變量	標準系數	t	Sig.	R^2	調整 R^2	F	Sig.
工作態度	交易維度	-0.658	-6.252	0.000	0.587	0.581	95.111	0.000[b]
	關係維度	-0.559	-5.308	0.000				
	理念維度	0.511	5.250	0.000				

a. 因變量：工作態度。

b. 預測變量：（常量）、交易維度、關係維度、理念維度。

從表 6.19 看出，迴歸模型調整的 R^2 為 0.581，F 值為 95.111，顯著性為 0.000，表明交易維度、關係維度和理念維度的心理契約三者對工作態度具有預測力，即說明交易維度、關係維度、理念維度這三個維度可以解釋工作態度 58.1%的變異量；模型迴歸效果顯著。交易維度、關係維度、理念維度的標準化系數值分別為-0.658、-0.559、0.511，標準迴歸方程為：工作態度＝-0.658 交易維度-0.559 關係維度+0.511 理念維度。交易維度和關係維度對因變量的影響為負向，理念維度對因變量的影響為正向。

3. 心理契約對成就感的影響

在前文的相關分析中，我們發現職業倦怠中成就感與心理契約中的三個維度均有相關性，故將交易維度、關係維度和理念維度作為自變量，將成就感作為因變量進行分析，結果如表 6.20。

表 6.20　　　心理契約對成就感的迴歸分析

因變量	自變量	標準系數	t	Sig.	R^2	調整 R^2	F	Sig.
成就感	交易維度	0.253	1.753	0.041	0.224	0.212	19.306	0.000[b]
	關係維度	0.255	1.768	0.039				
	理念維度	-0.022	-0.168	0.067				

a. 因變量：成就感。

b. 預測變量：（常量）、交易維度、關係維度、理念維度。

從表 6.20 的分析結果可以看到，交易維度、關係維度、理念維度三個維度進入迴歸方程，迴歸模型調整的 R^2 為

0.212，F值為19.306，顯著性為0.000，表明交易維度、關係維度、理念維度的心理契約對成就感具有預測力，即說明交易維度、關係維度、理念維度三個維度可以解釋成就感21.2%的變異量；模型迴歸效果顯著。交易維度、關係維度、理念維度的標準化系數值分別為0.253、0.255、-0.022，標準迴歸方程為：成就感=0.253交易維度+0.255關係維度-0.022理念維度。交易維度和關係維度對因變量的影響為正向，理念維度對因變量的影響為負向。

（六）調節作用分析

調節變量是指如果兩個變量之間的關係（如Y與X的關係）是變量M的函數，稱M為調節變量（Baron & Kenny, 1986；James & Brett, 1984）。在M變量呈現不同的狀態時，Y與X的相關關係也有所不同。調節變量可以是性別、種族、學校類型、年齡、受教育年限、刺激次數等。在本次研究中，我們看到年齡、工作年限這種變量不能夠明確地界定，並且在以往的研究中，也沒有對其做明確的界定，故用這些變量做調節變量並不是很合適，所以我們只選取了有明確的分類標準的變量，如性別、文化程度、婚姻狀況、職位類別、單位所在區域，作為調節變量進行相關檢驗。具體的檢驗方法如下：

調節變量的檢驗：自變量使用偽變量，將自變量和調節變量中心化，做$Y=aX+bM+cXM+e$的層次迴歸分析：

1. 做Y對X和M的迴歸，得測定系數R_1^2。

2. 做Y對X、M和XM的迴歸得R_2^2，若R_2^2顯著高於R_1^2，則調節效應顯著。或者，做XM的迴歸系數檢驗，若顯著，則調節效應顯著。

按照上述步驟依次對性別的調節作用進行檢驗，得到結果如表6.21、表6.22。

第六章 心理契約視角下基層公務員職業倦怠研究

表 6.21 性別在心理契約對職業倦怠的影響中的調節作用模型

<table>
<tr><td colspan="10">模型匯總^d</td></tr>
<tr><td rowspan="2">模型</td><td rowspan="2">R</td><td rowspan="2">R²</td><td rowspan="2">調整 R²</td><td rowspan="2">標準估計的誤差</td><td colspan="5">更改統計量</td><td rowspan="2">Durbin-Watson</td></tr>
<tr><td>R² 更改</td><td>F 更改</td><td>df₁</td><td>df₂</td><td>Sig. F 更改</td></tr>
<tr><td>1</td><td>0.599^a</td><td>0.358</td><td>0.355</td><td>0.802,946,84</td><td>0.358</td><td>113.415</td><td>1</td><td>203</td><td>0.000</td><td rowspan="3">2.231</td></tr>
<tr><td>2</td><td>0.616^b</td><td>0.379</td><td>0.373</td><td>0.791,906,83</td><td>0.021</td><td>6.700</td><td>1</td><td>202</td><td>0.010</td></tr>
<tr><td>3</td><td>0.621^c</td><td>0.386</td><td>0.377</td><td>0.789,567,42</td><td>0.007</td><td>2.199</td><td>1</td><td>201</td><td>0.140</td></tr>
</table>

a. 預測變量：（常量），心理契約。

b. 預測變量：（常量），心理契約，性別。

c. 預測變量：（常量），心理契約，性別，心理契約與性別。

d. 因變量：職業倦怠。

表 6.22 性別在心理契約對職業倦怠的影響中的調節作用係數

<table>
<tr><td colspan="7">係數^a</td></tr>
<tr><td colspan="2" rowspan="2">模型</td><td colspan="2">非標準化係數</td><td>標準係數</td><td rowspan="2">t</td><td rowspan="2">Sig.</td></tr>
<tr><td>B</td><td>標準誤差</td><td>試用版</td></tr>
<tr><td rowspan="2">1</td><td>（常量）</td><td>7.605E-017</td><td>0.056</td><td></td><td>0.000</td><td>1.000</td></tr>
<tr><td>心理契約</td><td>-0.628</td><td>0.059</td><td>-0.599</td><td>-10.650</td><td>0.000</td></tr>
<tr><td rowspan="3">2</td><td>（常量）</td><td>0.442</td><td>0.179</td><td></td><td>2.462</td><td>0.015</td></tr>
<tr><td>心理契約</td><td>-0.613</td><td>0.058</td><td>-0.585</td><td>-10.493</td><td>0.000</td></tr>
<tr><td>性別</td><td>-0.288</td><td>0.111</td><td>-0.144</td><td>-2.588</td><td>0.010</td></tr>
<tr><td rowspan="4">3</td><td>（常量）</td><td>0.421</td><td>0.179</td><td></td><td>2.349</td><td>0.020</td></tr>
<tr><td>心理契約</td><td>-0.927</td><td>0.220</td><td>-0.884</td><td>-4.220</td><td>0.000</td></tr>
<tr><td>性別</td><td>-0.281</td><td>0.111</td><td>-0.140</td><td>-2.525</td><td>0.012</td></tr>
<tr><td>心理契約與性別</td><td>0.186</td><td>0.126</td><td>0.310</td><td>1.483</td><td>0.140</td></tr>
</table>

a. 因變量：職業倦怠。

我們發現 R_3^2（0.386）$>R_2^2$（0.379），而且心理契約 * 性別的迴歸係數為 0.186，其顯著性 P 值為 0.140 大於 0.05，故其顯著性不強，調節作用不明顯。

對文化程度的調節作用進行檢驗，得到結果如表 6.23、表 6.24。

表 6.23　　　文化程度在心理契約對職業
倦怠的影響中的調節作用模型

模型匯總				
模型	R	R^2	調整 R^2	標準估計的誤差
1	0.152[a]	0.023	0.014	0.993,218,61
2	0.316[b]	0.100	0.086	0.955,819,03

a. 預測變量：（常量），心理契約，文化程度。

b. 預測變量：（常量），心理契約，文化程度，心理契約與文化程度。

表 6.24　　　文化程度在心理契約對職業
倦怠的影響中的調節作用系數

係數[a]						
模型		非標準化系數		標準系數	t	Sig.
		B	標準誤差	試用版		
1	（常量）	−0.636	0.652		−0.976	0.330
	文化程度	0.207	0.211	0.069	0.981	0.328
	心理契約	−0.126	0.070	−0.126	−1.789	0.075
2	（常量）	−0.423	0.629		−0.672	0.502
	文化程度	0.124	0.204	0.041	0.610	0.543
	心理契約	2.432	0.622	2.432	3.910	0.000
	心理契約與文化程度	−0.825	0.200	−2.577	−4.137	0.000

a. 因變量：職業倦怠。

我們發現 R_2^2（0.100）>R_1^2（0.023），心理契約 * 文化程度的迴歸係數為 −0.825，顯著性 P 值 0.000 小於 0.01，故其顯著性強，即文化程度在基層公務員心理契約對其職業倦怠影響中起調節作用。

對婚姻狀況的調節作用進行檢驗，得到結果如表 6.25、表 6.26。

第六章 心理契約視角下基層公務員職業倦怠研究

表 6.25　　婚姻狀況在心理契約對職業
倦怠的影響中的調節作用模型

模型匯總			
模型	R	R^2	調整 R^2	標準估計的誤差
1	0.155[a]	0.024	0.014	0.992,775,92
2	0.186[b]	0.035	0.020	0.989,858,26

a. 預測變量：（常量），心理契約，婚姻狀況。
b. 預測變量：（常量），心理契約，婚姻狀況，心理契約與婚姻狀況。

表 6.26　　婚姻狀況在心理契約對職業
倦怠的影響中的調節作用系數

系數[a]					
模型		非標準化系數		標準系數	t	Sig.
		B	標準誤差	試用版		
1	（常量）	-0.253	0.247		-1.027	0.306
	心理契約	-0.148	0.070	-0.148	-2.102	0.037
	婚姻狀況	0.155	0.145	0.075	1.070	0.286
2	（常量）	-0.292	0.247		-1.179	0.240
	心理契約	-0.478	0.234	-0.478	-2.045	0.042
	婚姻狀況	0.169	0.145	0.082	1.165	0.245
	心理契約與婚姻狀況	0.210	0.142	0.345	1.481	0.140

a. 因變量：職業倦怠。

我們發現 R_2^2（0.035）$>R_1^2$（0.024），而且心理契約 * 婚姻狀況的迴歸系數為 0.210，其顯著性 P 值 0.140 大於 0.05，故其顯著性不強，調節作用不明顯。

對職業類別的調節作用進行檢驗，得到結果如表 6.27、表 6.28。

表 6.27　職位類別在心理契約對職業倦怠的影響中的調節作用模型

模型匯總				
模型	R	R^2	調整 R^2	標準估計的誤差
1	0.253[a]	0.064	0.055	0.972,247,04
2	0.344[b]	0.118	0.105	0.945,926,40

a. 預測變量：（常量），心理契約，職位類別。
b. 預測變量：（常量），心理契約，職位類別，心理契約與職業類別。

表 6.28　職位類別在心理契約對職業倦怠的影響中的調節作用系數

系數[a]						
模型		非標準化系數		標準系數	t	Sig.
		B	標準誤差	試用版		
1	（常量）	−0.392	0.143		−2.754	0.006
	職位類別	0.169	0.054	0.214	3.133	0.002
	心理契約	−0.124	0.068	−0.124	−1.818	0.071
2	（常量）	−0.251	0.144		−1.738	0.084
	職位類別	0.115	0.055	0.145	2.101	0.037
	心理契約	−0.622	0.156	−0.622	−3.981	0.000
	心理契約與職業類別	0.222	0.063	0.550	3.521	0.001

a. 因變量：職業倦怠。

我們發現 R_2^2（0.118）>R_1^2（0.064），心理契約 * 職位類別的迴歸系數為 0.222，其顯著性 P 值 0.001 小於 0.05，故其顯著性強，即職業類別在基層公務員心理契約對其職業倦怠影響中起調節作用。

對單位所在區域的調節作用進行檢驗，得到結果如表 6.29、表 6.30。

表 6.29　　　單位所在區域在心理契約對職業
　　　　　　倦怠的影響中的調節作用模型

模型匯總					
模型	R	R^2	調整 R^2	標準估計的誤差
1	0.290ª	0.084	0.075	0.961,706,54
2	0.342ᵇ	0.117	0.104	0.946,622,84

a. 預測變量：（常量），心理契約，單位所在區域。
b. 預測變量：（常量），心理契約，單位所在區域，心理契約與單位所在區域。

表 6.30　　　單位所在區域在心理契約對職業
　　　　　　倦怠的影響中的調節作用系數

系數ª					
模型		非標準化系數		標準系數	t	Sig.
^	^	B	標準誤差	試用版	^	^
1	（常量）	-0.717	0.200		-3.584	0.000
^	單位所在區域	0.269	0.071	0.260	3.806	0.000
^	心理契約	-0.095	0.068	-0.095	-1.393	0.165
2	（常量）	-0.582	0.203		-2.868	0.005
^	單位所在區域	0.230	0.071	0.221	3.230	0.001
^	心理契約	-0.678	0.223	-0.678	-3.035	0.003
^	心理契約與單位所在區域	0.195	0.071	0.606	2.737	0.007

a. 因變量：職業倦怠。

我們發現 R_2^2（0.117）$>R_1^2$（0.084），心理契約＊區域的迴歸係數為 0.195，其顯著性 P 值 0.007 小於 0.01，故其顯著性強，即單位所在區域在基層公務員心理契約對其職業倦怠影響中起調節作用。

綜上，我們發現文化程度、職業類別、單位所在區域作為調節變量在公務員心理契約對其職業倦怠的影響中起到緩衝作用，其他統計變量的調節作用不明顯。

五、研究結論與建議

（一）主要結論

本研究在初步調查基層公務員心理契約與職業倦怠的現狀的基礎上，運用多種統計方法，如相關分析、迴歸分析、探索性因素分析及調節作用分析等，對心理契約維度、心理契約與職業倦怠之間的關係進行了深入探討，對所提出的研究假設進行了檢驗，結果如表 6.31 所示。

表 6.31　　　　　　　　主要研究結論

項號	假設	研究結果
17	基層公務員心理契約中理念型心理契約是一個獨立的維度	成立
18	基層公務員心理契約與其職業倦怠呈負相關關係	成立
	18.1：基層公務員三個維度心理契約與其情緒衰竭存在負相關	部分成立
	18.1.1：基層公務員交易型心理契約與其情緒衰竭存在負相關	成立
	18.1.2：基層公務員關係型心理契約與其情緒衰竭存在負相關	成立
	18.1.3：基層公務員理念型心理契約與其情感衰竭存在負相關	成立
	18.2：基層公務員三個維度心理契約與其工作態度存在負相關	部分成立
	18.2.1：基層公務員交易型心理契約與其工作態度存在負相關	成立
	18.2.2：基層公務員關係型心理契約與其工作態度存在負相關	成立

表6.31(續)

項號	假設	研究結果
	18.2.3：基層公務員理念型心理契約與其工作態度存在負相關	成立
	18.3：基層公務員三個維度心理契約與其成就感存在負相關	部分成立
	18.3.1：基層公務員交易型心理契約與其成就感存在負相關	不成立
	18.3.2：基層公務員關係型心理契約與其成就感存在負相關	不成立
	18.3.3：基層公務員理念型心理契約與其成就感存在負相關	不成立
19	性別、年齡、婚姻狀況、職位類別、月收入等人口統計學變量在基層公務員心理契約對其職業倦怠影響中起調節作用	部分成立

從匯總表中我們看到：

基層公務員心理契約中存在理念成分，並且能夠作為一個獨立的維度存在。在公務員這個群體中確實存在理念型心理契約的成分，即公務員與政府共同的追求為人民服務的宗旨與理念。這一結論無疑對政府管理者十分重要，也為公務員管理激勵提供了新的方式。

基層公務員心理契約與職業倦怠具有負向相關性。心理契約的三個維度對職業倦怠的情緒衰竭均存在負相關關係，但是理念維度的顯著性比較差。這就說明心理契約履行程度越高，員工情緒衰竭的程度就會越低。心理契約三個維度對情緒衰竭的迴歸方程為：情緒衰竭＝－0.550交易維度＋0.322關係維度。

基層公務員心理契約三個維度對工作態度的影響效果顯著，即組織對三種心理契約履行得越好，員工去人格化的工作態度就會越少。心理契約的三個維度與工作態度形成的迴歸方程為：工作態度＝－0.658交易維度－0.559關係維度＋0.511理

念維度。

心理契約的三個維度對職業倦怠的成就感均存在顯著影響，即組織心理契約的三個維度履行得越好，員工的成就感就越高，心理契約的三個維度與成就感形成的迴歸方程為：成就感＝0.253 交易維度＋0.255 關係維度－0.022 理念維度。之所以在職業倦怠維度中，只有成就感這個維度與心理契約呈現正相關關係，是因為在設置問卷時，我們將這部分問卷反向設置，即我們的問題都是正向積極的，例如14 題「能夠有效地完成各項工作」，得分越高，則其成就感越高，低成就感就越少。

在調節作用檢驗中，我們發現：只有文化程度、職位類別和單位所在區域對心理契約與職業倦怠的相關影響的調節作用比較明顯。文化程度、職位類別、單位所在區域這幾個變量都會影響基層公務員心理契約的認知，也會影響基層公務員承受壓力的能力等，進而會影響基層公務員職業倦怠感的形成。

(二) 管理建議

1. 政府要重視心理契約

從上述的研究中，我們看到基層公務員的心理契約對於其職業倦怠有著重要的影響。本研究試圖從心理契約的角度解決公務員的職業倦怠問題，即本研究希望通過提高政府對公務員心理契約的履行程度，讓公務員感知到組織為其提供了充足的經濟貨幣、情感貨幣和理念貨幣，讓他們受到激勵，繼而將他們產生職業倦怠的可能性降到最低。政府想要更好地履行自己的心理契約責任，首先要做的是意識到公務員心理契約的存在及其重要性，從內在心理和外在管理實踐上開始重視基層公務員的心理契約。在以往的管理中，很多時候政府管理人員沒有意識到公務員心理契約的存在，更不用說將心理契約運用到管理的實踐上。在政府部門中，政府更加注重的是員工的工作能

力、工作效率的提高，公務員心理需求往往被忽視，在這種情況下，公務員心理契約違背的情況時有發生。隨著時代的發展與社會的進步，政府管理也逐漸走進入了人本管理時期。在這個階段，公務員的人本需求、心理需求被逐漸重視起來，通過滿足公務員心理方面的需求從而激勵他們積極工作成為公務員管理實踐中重要的措施。雖然心理契約是基層公務員對組織責任義務履行情況的一種感知，是公務員自身的一種隱性的主觀感受，但是政府管理人員要認識到公務員心理契約的存在與形成受到組織的行為、管理者的行為的影響。特別是當下很多基層公務員即使工資不高、福利待遇不好，但是仍然堅持在自己的工作崗位上，從中能夠看出他們心理契約中理念與情感的成分是佔有很大的比重的。對於他們來說，公務員的工作不僅僅是用來謀生的手段，更是他們內心榮譽感、使命感得到滿足，贏得個人尊嚴的途徑。因此，政府組織應當看到心理契約對公務員的作用遠比勞動合同、勞動協議等經濟契約更強。因此，在政府內部應當更多地重視公務員的心理契約，認識到通過給予公務員理念和情感上滿足，特別是通過強化宗旨意識，可以讓他們受到激勵，在行為、工作和思想態度上表現得更為積極，進而減少其職業倦怠感。

2. 建立公務員心理契約全面管理機制

對基層公務員心理契約建立全面、全過程的管理機制。從新錄取的公務員進入到政府組織，到基層公務員在組織中逐漸形成心理契約，再到基層公務員心理契約違背後的干預，形成基層公務員心理契約的全過程、全方位管理機制。公務員心理契約是動態變化的，在不同的工作階段、不同的時期，心理契約會發生不同程度的變化。組織必須重視，追蹤新員工心理契約的變化，並對心理契約進行有效管理。管理人員在工作過程中要杜絕隨意承諾，形成嚴謹的領導作風。根據 Marrison 和 Robinson 的心理契約的動態機制模型，心理契約違背的兩個根

本的原因是：承諾未履行和承諾理解歧義。在這兩個原因中，絕大部分的心理契約違背源於組織中的領導者承諾的未履行。很多時候，心理契約是具有很大的動態性和不穩定性的。心理契約處於不斷的修訂和變更之中，這種變更源於一些不可預知的因素，領導無意或隨意的承諾很可能會導致承諾不履行。雖然以承諾的方式給予基層公務員誇獎會給他們帶來工作的動力和激勵，但承諾無法履行時帶來的破壞力遠遠大於承諾當時的激勵作用，所以組織的領導者要形成嚴謹的工作作風，不隨意對其下屬許以承諾，而一旦做出承諾，應盡量履行，形成誠信的組織氛圍，這種誠信氛圍有利於心理契約雙方契約的履行。一方面，組織可以加強道德和誠信教育，通過這種道德意識上的強化，使每個公務員意識到，誠實的踐行契約是一種基本的職業道德，從而提高公務員心理契約履行的程度，減少心理契約違背和破裂。另一方面，組織要以身作則，嚴格踐行自己承諾過的事情，使得員工對組織產生信賴，建立互信的組織文化氛圍。對於由於一些原因造成的契約無法履行的情況，組織中的上級應及時地對下屬做出解釋說明。如果是客觀因素導致契約無法履行，組織可以具體說出組織的困難與境況，並站在基層公務員的角度看待事件，積極溝通，在談話與溝通中化解其不良情緒，同時尋找合適的機會對其進行補償。如果是由於公務員自身因素造成心理契約的無法履行，組織要積極與其溝通交流，指出他們的不足之處或欠缺之處，並提供輔導、培訓，幫助其改善不足。此外，還要建立暢通無阻的溝通通道，保證公務員能夠反饋自己的意見與不滿，及時解除基層公務員與組織的心理契約理解歧義，預防、減少心理契約違背的產生。當政府公務人員出現了心理契約違背時，組織要及時瞭解是什麼導致了公務員出現心理契約違背，他們心理契約違背的程度怎麼樣，這對工作有什麼樣的影響，等等，以便干預、管理心理契約違背。

心理契約是員工個人形成的認知，員工並不會將自己的這種認知直接地、隨時地表達出來，所以當公務員的心理契約違背產生時，組織並不能夠立刻看到。政府部門必須經常通過訪談、調查問卷等形式定期地對公務員的心理契約情況進行調查，瞭解他們心理預期的變化，瞭解是否有心理契約違背的發生，在此基礎上，有針對性地提出管理對策，滿足他們的心理預期，及時干預心理契約違背的不良影響，這對於組織和個人的發展都有積極的意義。

3. 政府組織角度的公務員職業倦怠的管理對策

前文已經從公務員的心理契約角度提出了降低公務員職業怠倦的相關措施，但是政府部門對職業倦怠的干預、管理不僅僅局限於對心理契約的管理。除了心理契約之外，政府部門還可以通過其他措施來管理公務員的職業倦怠。本小節從將五個方面來介紹一些干預公務員職業倦怠對策。

（1）做好公務員價值引導，明確崗位職責，完善公務員的監督機制。

在前面的章節中，我們認識到職業倦怠的一個重要成因就是員工的角色不清或者是角色衝突。在現在的某些政府部門的個別地方仍存在一些因人設崗、崗位職責不清楚的問題，如一些政府公務人員對於自己的工作職責沒有清晰的認識，有些時候越權幫助別人做事情，有些時候自己本職的事情沒有做，很多時候是花費時間和精力做了自己不該做的事情，這種職責不清的崗位很容易使得基層公務員產生工作量大、工作壓力大的問題，進而有可能引發公務員職業倦怠。因此，應在政府組織內部，根據每個部門的職責形成明確的崗位職責說明書。一方面，這樣的崗位職責說明書能夠確保每個人對自己的工作負責，有效地完成自己本職工作，降低職業倦怠感；另一方面，這樣的崗位職責說明書能夠確保人崗匹配，有效地節約資源與人力。另一個會造成公務員職業倦怠的因素就是角色衝突，即

公務員「公共人」角色與「理性人」角色之間的衝突。隨著經濟發展，人們的生活越加富足，各種各樣的物質也擺在了人們面前。基層公務員作為社會生活中的一員，也需要滿足自身的生存發展需求，但是公務員作為公共服務的提供者，其公平、公正、合法、合理地為每個公民提供服務是他們的職責。要打破這種公務員的角色衝突，一方面要做好價值引導工作，利用各種倫理與職業道德教育與宣傳，強化基層公務員為人民服務的宗旨意識，使得基層公務員在日常工作中做到心中有群眾，促使他們將集體利益與公共利益放在首位。另一方面，要逐步地完善公務員監督渠道的建設，建立多元化的公務員工作監督渠道，例如開通微信、微博平臺、舉報熱線、政府信箱，等等，為群眾提供反饋的窗口，進而更好地規範和管理基層公務員的工作。

（2）拓寬基層公務員職業上升通道，豐富基層公務員工作內容。

對於基層公務員來說，他們有可能在基層度過一生。這種長期的基層工作會降低基層公務員的工作積極性與熱情，在一定程度上造成基層公務員的職業倦怠。然而，目前中國實行金字塔式的科層制，每個人都只能一級一級地上升，而且這種底層人多、中層和上層人少的職級設置在一定程度上限制了基層公務員的職業生涯的發展。要想使得這種職級的影響降低，筆者認為應從兩個方面入手。一方面，要拓寬基層公務員的職業發展渠道，對於那些擁有技術的基層公務員，可以利用技術職稱進行技術職位晉升，不一定每一個基層公務員都必須按照管理上的職級晉升。為專業技術人員設置一個類似於行政職業的上升渠道的業務（技術）上升階梯，並與待遇相掛鈎，實現公務員的雙軌晉升。另一方面，可以讓基層公務員的工作內容豐富化，為他們的工作增加挑戰性，使得他們完成工作后的成就感上升。王國穎認為，進行職務輪換和職務豐富化可避免職

務倦怠產生。基層公務員在不同崗位、不同部門、不同地區之間的相互調動，可使他們在工作中獲得新的體驗與挑戰，重拾工作積極性和工作熱情，進而降低職業倦怠。對於員工來說，職位輪換的好處不僅局限於規避職業倦怠，還能在一定程度上豐富他們自身的工作經驗和技能。此外，還可以通過讓基層公務員參與組織決策等一些方式來提高公務員的工作責任感和使命感，激勵公務員更好地執行決策，以更大的熱情和積極性投身於工作中，降低他們職業倦怠的可能性。

（3）引入員工幫助計劃（EAP）。

員工幫助計劃（Employee Assistance Program，EAP）最早起源於歐美，主要應用於企業解決員工的職業壓力和心理問題。這個計劃主要是通過長期的、系統的援助，來解決員工的職業壓力和心理問題。一般這個計劃都是通過邀請專業的人員先對組織中的員工進行診斷和瞭解，然后研究制定對應的輔導、培訓和諮詢的建議，解決員工的問題，提高員工的工作積極性與熱情，進而改善組織績效和氛圍。EAP作為一種幫助計劃，其專業的幫助項目，不僅僅能夠適用於企業員工，對於政府部門的基層公務員來說同樣適用。EAP引入，對於緩解公務員的工作壓力，克服公務員的職業怠倦，有著重要的作用。政府內部在落實EAP時，首先要對政府部門員工的職業工作狀況和心理狀況進行一個大致的瞭解，然后通過邀請外部專家、培養內部人員或招聘專業人員的方式，針對不同部門的不同情況配備相應的EAP實施人員。之后這些專業的實施人員要對整個部門的人員進行細緻、定期、專業的評估、調查和訪談，明確基層公務員職業倦怠、心理契約的預期等內容。緊接著，EAP實施人員要根據現有的狀況和情景為每個基層公務員建立輔導課程，在這個輔導課程中包括員工的職業發展規劃、職業倦怠應對策略等內容。最后，基層公務員經過一段時間的輔導后，對其輔導的效果進行反饋。同時可以收集目標員

工的上級、服務對象、同級等一些人的意見，以形成對這次輔導全面準確的評價，並且要對這些評價做好總結，為后期開展 EAP 做好準備。

（4）提升領導力水平，為員工發展創造良好的環境。

基層公務員直接聽命於自己的直屬上級，上級的領導能力和領導方式直接影響公務員的工作積極性和工作熱情。我們知道領導的權力不僅僅來源於他們的職位，還來源於他們自身的魅力。當上級的管理水平比較高，對組織任務目標有一個清晰的認知，並且以身作則，積極地投身到組織的工作中去時，下級會被上級領導的魅力所感染，也積極、熱情地投身到工作中。反之，如果上級領導能力弱或亂指揮，就有可能導致基層公務員產生工作上的無力感，甚至會出現「上梁不正下梁歪」的一些問題。因此，基層公務員上級領導的管理是一個重點內容，對基層公務員的上級領導或直屬領導進行教育與培訓，以提高他們的領導與管理水平，對於提高員工的工作積極性和工作滿意度，降低職業倦怠感的出現具有重要的意義。政府還必須為公務員創造一個良好的工作環境。這種工作環境包括硬件環境和軟件環境：辦公環境不用多麼奢華，但是要有一定的空間；整個組織內部有良好的氛圍，組織對待公務員的態度應當是信任、尊重和關心。政府要切實關心公務員的需要，重視公務員的個人發展，對其發展過程中所需資源提供必要的幫助；對每個公務員，幫助其明確職業追求，繼而產生工作目標和動力，避免產生因目標或職責不明確帶來的職業倦怠感。

（5）建立良好的溝通機制，確保融洽的同事關係。

有效的溝通，一方面使得組織能夠全面、及時地掌握日常管理過程中的各種有用信息，另一方面還能夠使得內部矛盾得以化解，進而改善組織內部的人際關係。為了使得各種溝通能夠有效進行，政府部門應當建立正式的溝通渠道。通過上級與下級之間面對面溝通或是會議等多種正式的溝通方式，員工能

夠得到準確有用的信息，政府組織方面能夠確切地瞭解員工的工作狀況。除了基本的正式溝通之外，我們也應當看到非正式溝通對於組織與員工的積極作用。經常進行一些聚餐活動，或者室外的拓展訓練，能加強員工之間的非正式的情感溝通，對於形成和諧融洽的組織氛圍具有重要的意義。領導者以開放、包容的心態，重視正常溝通與非正式溝通，最終做到將溝通制度化、常態化。在之前的綜述中，我們看到人際關係是影響員工的職業倦怠的一個重要因素。公務員要面對上級、同事、群眾、家人，任何一種關係處理不好，都會影響公務員工作的正常開展，甚至可能引發公務員的職業倦怠。一方面，政府部門要倡導和諧友善的同事關係，使得公務員積極遵從這種價值觀念；另一方面，政府可以通過召開例會、舉辦文藝比賽、組織休閒活動等形式加強員工間的溝通和信任，營造一個良好融洽的組織氛圍，打通政府內部有效的信息溝通渠道。

4. 從公務員自身干預職業倦怠的管理措施

（1）積極調適不良情緒，塑造良好職業心態。

人本來就是社會動物，人的情感與情緒容易受到周邊環境的影響。很多時候，人們可能會因為一些事情（有可能是家庭方面的，有可能是人際方面的）變得情緒低落，並或多或少地將這種情緒帶到工作中。公務員產生職業倦怠感后，很容易出現憤怒、焦慮、煩躁等不良的情緒，這些不良的情緒會對他們的工作造成惡劣的影響，而惡劣的影響反過來又會加重其職業倦怠感，形成一個惡性循環。所以，當公務員出現不良的情緒時，應該理性思考，使用科學有效的方法進行調適，不能任其對自己的心理和行為造成消極的影響。第一，公務員要先學會管理自己的情緒，壓抑心中的不滿和不快。人們在憤怒的時候往往會做出錯誤的選擇，這種錯誤的選擇往往會造成惡劣的影響。因此，當出現消極負面的情緒時，一定要保持冷靜，努力尋找不良情緒產生的原因是什麼，並「對症下藥」地解

決問題。第二，要學會寬容。對於別人的錯誤，要站在別人的角度嘗試著去理解，如果不能夠理解，就嘗試著去寬容。

公務員的職業心態直接關係到其職業倦怠的程度。一個擁有良好職業心態的公務員，在面對任何問題與困難的時候都能夠做到保持平衡穩定的心態，這大大降低了其職業倦怠的可能性。不僅如此，良好的職業心態還能夠幫助公務員改善人際關係、提高業務水平。公務員應當如何塑造良好的心態？首先，公務員要對自己的能力有理性的認識，為自己制定合理的職業目標，並通過不斷的努力來縮小理想與實際的差距。其次，要增強自己的自信心。在工作與生活中，要善於給自己積極、正面的肯定與評價。最后，要堅定宗旨意識，樹立正確而崇高的人生觀和價值觀。要真正認識到人民群眾的重要性，把執政為民的思想時刻落實到自己的工作中。

（2）積極面對壓力，進行有效的壓力管理。

根據前文對於職業倦怠的綜述，可知工作壓力是產生職業倦怠的一個重要的因素。其實，無論是生活壓力還是工作壓力，都可能對人們的身體和心理造成不良的影響。而公務員產生職業倦怠很重要的一個原因就是工作壓力過大。在當前，隨著經濟社會的發展，互聯網與智能手機越來越普及，公眾輿論對於公務員的工作的監督也變得越加的普通化。這種情況使得基層公務員處在較大的輿論和監督的壓力之下，再加上長期繁重的工作壓力，基層公務員便容易出現職業倦怠。因此，面對各種輿論和工作上的壓力，基層公務員做好自身的壓力管理顯得尤其重要。對於基層公務員來說，進行有效的壓力管理，首先需要正確認識壓力，要明確認識到壓力的客觀性——任何人都有壓力，壓力不是絕對消極，也不是絕對積極，壓力的存在是正常的。其次，要積極尋找壓力的根源。公務員要對自身壓力的來源與成因有一個明確的認知。比如這些壓力是由於工作較多、無法有效完成而引起的？還是由於自身沒有較強的合理

安排時間的能力而造成的心理上的焦慮？還是由於自身的拖延症造成工作不能按時完成而引起的壓力？找到壓力的根源，才能為下一步破除壓力做準備。最后，針對不同的壓力來源採取不同的應對策略。對於由於工作量較大造成的壓力，公務員要有一個清醒的認知。每個人的能力與精力有限，既沒有必要壓迫自己去做自己能力所不及的事情，也沒有必要一口氣做完所有的事情，事情有急有緩，要根據事情的輕重緩急程度，合理安排工作。有拖延習慣的人，應做好任務的相關劃分，即把任務劃分到每一天，每一個小時，以這種逼迫性的方式逐漸改變拖延習慣。相信通過合理的安排和調節，基層公務員會將壓力轉化為動力。

（3）提升工作技能，增強工作成就感。

當前，中央關於簡政放權，下放行政審批權的政策一直在推行，政府的職能也逐漸由管理型政府向服務型政府轉變。這樣，公眾對於正度的管理服務水平就有了更高的期望。政府部門和公務人員面臨著前所未有的挑戰。從服務的理念、服務的技巧、服務的規則，方方面面都對公務員提出了要求。在這種情況下，如果基層公務員固守本來的模式，不思改變，終將會跟不上政府改革的步伐，成就感降低，甚至引發職業倦怠。想要解決這種問題，基層公務員應樹立與時俱進的思想，不斷地吸收新的技能、新的理論、新的政策，提高自己的服務能力和服務水平；落實「干中學」的學習方式，實現學習工作化和工作學習化。

（4）構建和諧的人際關係。

社會是每一個人賴以生存的大環境，社會支持對每個人的生存和發展都有著重要的意義。以往對於職業倦怠的研究表明，人際關係是影響職業倦怠成因的重要因素。和諧的人際關係常常會讓人感到心情愉悅，特別是對於存在去人格化的基層公務員來說，良好的人際關係對於克服職業倦怠具有重要的意

義。基層公務員想要建立良好的人際關係，就要學會溝通交流。要擁有良好的溝通技巧，學會與領導溝通、與同事溝通、與群眾溝通，要有一定的人際主動意識，在溝通中要注意站在別人的角度多方位地思考問題，既要堅守自己的道德原則又要有一定的靈活性。在進行溝通時，一定要注重溝通的方式方法和溝通的場合，對於領導的建議要虛心接受，維護好領導的權威；與同事溝通時，要保持真誠，在同事需要幫助時及時伸出援手；在與下屬進行溝通和相處時，要多考慮下屬的意見和看法，要多關注下屬的心理需求和工作、生活上的需求。總之，通過有效的溝通交流，營造良好的人際關係，有利於公務員工作的開展，同時能夠使他們在工作時保持愉悅的心情，提高工作的積極性，降低職業怠倦感。

第七章

企業勞動關係預警機制研究

一、企業勞動關係預警指標設置

　　企業勞動關係預警指標的設置就是合理選取那些影響企業和諧勞動關係的因素，形成能夠評估企業勞動關係實際狀況的指標框架體系。預警指標體系之間是相互聯繫的有機整體，從整體上對企業的勞動關係狀況進行標示。因此，對其分析也應當整體化，不能在設置指標體系的時候割裂它們之間的關係。

　　在具體指標體系的建構方面，對於指標的設置，不同的學者有不同的標準。張軍（2010）根據引發企業勞動爭議的因素的排名，把預警指標體系分為包括勞動合同、集體合同、勞動爭議以及規章制度三個子指標的契約指標和包括員工滿意度、員工流失率兩個子指標的競爭指標。易江（2012）將企業勞動關係預警指標分為管理學指數、行為學指數、心理學指數、社會學指數和經濟學指數等五個方面。何勤（2013）構建了包括工作場所、員工個人需求、敏感性指標 3 個一級指標以及相應的 9 個二級指標和 34 個三級指標的企業勞動關係預警警情指標體系。卞永峰（2013）則立足於新生代農民工具

體調查的基礎上，將警情指標分為包括外部環境、工作場所、新生代農民工個人需要的一般性警情指標和包括突發性指標、群體性指標的敏感性警情指標。筆者以桑德沃的勞動關係系統模型為基礎，通過廣泛收集相關資料設置預警指標，盡量使預警指標體系對於企業構建勞動關係預警機制有廣泛的適用性。基於此，筆者將預警指標分為一般性指標和敏感性指標兩部分。

（1）一般性警情指標。一般性警情指標是在桑德沃的勞動關係系統模型的基礎上，根據中國企業現狀對三級指標進行的優化，分為7項二級指標和34項三級指標（見表7.1）。

表 7.1　　　　企業勞動關係預警一般性指標

一級指標	二級指標	三級指標
工作場所指標	勞動環境指標	1. 工傷事故率 2. 職業病發生率 3. 勞動安全措施享有率
	勞動爭議指標	1. 勞動爭議發生率 2. 勞動爭議解決率 3. 勞動爭議協調機構設立
	民主參與指標	1. 工會機構的設立 2. 員工大會的建立 3. 員工合理化建議採納率 4. 員工訴求的標的程度 5. 工會參與協商程度 6. 企業制度制定的參與度
	企業管理指標	1. 員工流失率 2. 員工對管理方式的滿意度 3. 員工對企業文化的認同感 4. 企業對員工的滿意度 5. 企業內部管理制度合規性
	企業績效指標	1. 企業主營業務收入增長率 2. 企業淨利潤增長率

表7.1(續)

一級指標	二級指標	三級指標
員工需求指標	權益實現指標	1. 勞動合同簽訂率 2. 勞動合同簽約規範性 3. 勞務派遣率 4. 無固定期限勞動合同分佈率 5. 工資增長率 6. 員工收入差距比 7. 加班工資支付情況 8. 日均加班時間 9. 平均工作年限 10. 社會保障覆蓋率
	員工發展指標	1. 對職位穩定性的認可度 2. 人均培訓時間 3. 員工培訓率 4. 對企業前景的認可度 5. 對未來生活保障及自身發展的樂觀程度

（2）敏感性警情指標。敏感性警情指標是在中國當前勞動者權利意識逐漸提升背景下，對一般性警情指標體系的強化補充，主要包括突發性指標和群體性指標，具體分為7個三級指標（見表7.2）。

表7.2　企業勞動關係預警敏感性指標

一級指標	二級指標	三級指標
敏感性指標	突發性指標	1. 員工自傷、自殺 2. 員工極端方式討薪
	群體性指標	1. 集體勞動爭議 2. 集體停工、罷工、離職 3. 集體爆發工傷、職業病 4. 員工之間爆發大規模衝突 5. 大範圍短缺某領域員工

二、企業勞動關係預警運作主體

本研究將預警職能劃分為不同層級，然后在不同層級再由不同的運作主體具體負責。這些不同層級的運作主體承擔著相互不同的職能，但又需要相互合作。

1. 最高決策機構：企業勞動關係預警領導小組

企業勞動關係預警機制的最高決策機構是企業勞動關係預警領導小組。作為最高決策機構，領導小組要具有足夠的較大權力和權威，在危機發生時能夠迅速調動一定資源來應對。目前，中國很多企業都沒有建立專門的企業勞動關係預警領導小組來負責企業勞動關係預警，大多還是由企業人力資源部門具體負責。筆者建議，企業勞動關係預警領導小組的成員構成不僅僅應當包括企業內部的企業經營者、企業核心管理層，還應當包括工會代表，使得在勞動關係的預警決策中有員工的利益代表，在制定決策時能夠更加符合勞資雙方利益的平衡，也更有利於危機的解決。同時，企業勞動關係預警領導小組還應當吸收來自企業外部的獨立勞動關係管理專家或者專業機構參與，以尋求決策的專業性和中立性。

企業勞動關係預警領導小組應當立足於全局高度把握企業勞動關係預警的方向，制定原則性的勞動關係預警制度，在危機發生時掌握和調動資源並監督其他勞動關係運作主體的配合實施。具體而言，一方面，企業勞動關係預警領導小組要制定本企業的勞動關係預警規劃，適時根據外界環境的變化革新企業人力資源及其配套管理制度，通過合理的企業規章體系和企業組織架構規範自身勞動關係管理行為，逐步推動有利於勞資雙方共贏的合作型勞動關係的建立；另一方面，在可能發生勞動關係危機和衝突時，做出預警決策，調動資源宏觀調控勞動

關係，指導企業勞動關係預警日常管理部門對於勞動關係警情的具體處置行為。

2. 日常管理機構：企業人力資源管理部門

企業勞動關係預警日常管理機構主要是具體細化企業勞動關係預警領導小組制定的目標、宗旨、原則、決策等宏觀調控勞動關係行為，收集、匯總、分析、查證勞動關係預警信息以及實施勞動關係預警措施，並監督、控製和管理預警機制的日常實際運作。目前，有不少學者認為可以把企業人力資源部門作為企業勞動關係預警機制的最高決策機構，以企業人力資源部門為核心設計預警機制。筆者認為這種設計欠妥。一方面，企業人力資源部門在應對勞動關係危機時調動企業資源的能力極其有限，難於從企業整體上把握和制定預警決策；另一方面，由於中國企業管理制度發展不健全，大量中小企業人力資源管理機制非常滯后，甚至缺乏組織化的人力資源管理部門，人力資源管理職能常常與企業行政辦、綜合辦等其他部門合併辦公，讓其承載企業勞動關係預警的職責是對企業勞動關係管理的不負責。因此，筆者建議，把企業人力資源管理部門作為企業勞動關係預警日常管理機構更合適。當然，從長遠來看，企業要加強勞動關係管理，企業人力資源管理必須要組織化和專業化，才能更好地承載企業勞動關係預警日常管理機構的責任。

3. 部門管理機構：企業中層職能部門

企業勞動關係預警機制運作主體的架構中，企業中層職能部門也是非常重要的組成部分，承擔著部門勞動關係預警管理的職能。在完整的企業勞動關係預警機制中，中層職能部門對於部門內部勞動關係的管理起著重要的作用。具體而言，中層職能部門在企業勞動關係預警機制運作中主要負責收集本部門勞動關係預警原始信息，及時反饋本部門預警措施執行情況以及本部門員工訴求；制定本部門內部的具體勞動關係預警思

路，並在本部門員工實際情況基礎上確立本部門的勞動標準；事先進行預防和調解，協調本部門員工與企業之間的勞動關係衝突，化解勞動爭議，預防本企業勞資矛盾的激化。

4. 一線管理機構：企業基層部門

一般而言，企業基層部門是指企業的生產車間或工作班組等企業基層部門直接與基層員工打交道，處於企業員工和企業之間信息流通的第一道關口。因此，基層部門的職責主要是協調基層日常勞動關係，收集一線員工的訴求、想法、意見、爭議等預警原始信息，及時把勞動關係預警措施執行情況和原始信息反饋給上級職能主管部門。當前，在不少企業的勞動關係預警機制中，往往都忽視了處於一線的基層管理部門。筆者認為這種做法應當得到改變，應當逐步重視基層部門在勞動關係預警機制中的作用，發揮其直接接觸員工的信息優勢。

三、企業勞動關係預警運作系統

在設置企業勞動關係預警指標和運作主體的基礎上，構建符合中國當前企業勞動關係發展現狀的一般性勞動關係預警系統。企業勞動關係預警運作系統是一個動態的反饋過程（見圖7.1）。企業勞動關係預警運作系統能夠收集基於預警反饋系統的預警信息，對預警信息進行量化評估，在量化評估的基礎上確定預報，然后根據不同的警報級別做出不同的排警措施，最后把排警措施的執行效果反饋至預警信息系統。

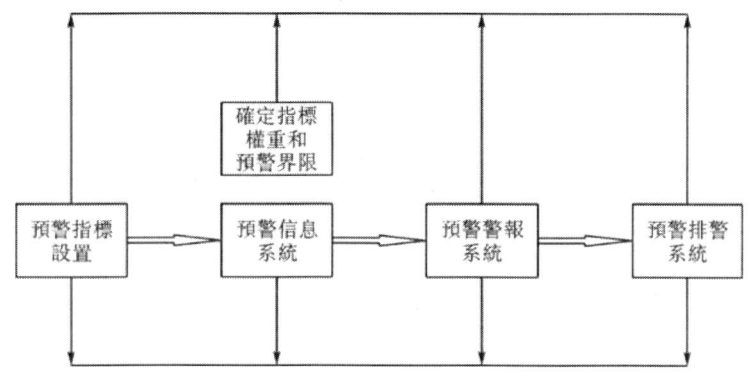

圖 7.1　企業勞動關係預警運作系統

1. 企業勞動關係預警信息系統

對預警指標所標示的預警信息的收集是企業勞動關係預警的前提，這就要求企業勞動關係預警機制運作主體根據預警指標收集企業預警信息。首先，企業勞動關係預警機制運作主體要根據本企業、本行業的特殊性，確定適用於本企業、本行業的具體三級指標，並且確定和修正每個三級指標的權重分值，建立本企業預警指標評分標準和方法。其次，企業勞動關係預警機制運作主體採集、整理和分析員工填報或企業調查的有關勞動關係的信息，將這些信息資料形成一個完整的信息系統，並定期不斷刷新，監測預警指標信息的變化，確保信息的動態性、準確性和有效性。最后，預警信息系統的構建中還包括確定預警界限。警情指標的變動情況的準確監測以及企業勞動關係總體運行趨勢的分析，都有賴於預警界限的合理確定。目前，關於預警界限的劃分通常有五區域法、四區域法和三區域法。筆者建議採取正常區、防範區、危險區和極度危險區四分法，在預警信息系統中分別對應綠、黃、橙、紅四種預警信號。

2. 企業勞動關係預警警報系統

企業勞動關係預警警報系統發揮著企業勞動關係預警警報

的功能。企業勞動關係預警警報系統將預警信息系統監測的實際值與預警界限值進行對比分析，得出預警結果，以數值形式標示企業勞動關係是否處於正常狀態，從而決定在某個監測值出現時是否發出預警警報和預警警報的級別。根據預警信息系統中對預警界限的劃分，筆者建議將企業勞動關係警度分為一級警報、二級警報、三級警報和正常四個等級，分別對應極度危險區、危險區、防範區、正常區四個區域，預警信號分別為紅、橙、黃、綠。當預警信息在預警界限值之間變化的時候，預警指示信息也隨之發生變化。

3. 企業勞動關係預警排警系統

該功能在於及時預防和干預企業勞動關係出現的異常情況，對企業勞動關係異常進行合理矯正，從而預防企業勞動關係激化。一般而言，排警系統應當包括不同警報級別相對應的一系列應急措施、補救辦法和改進方案：應急措施主要是規避、控製企業勞動關係已經遭受的破壞狀態進一步惡化；補救辦法主要是在控製現狀的基礎上採取有效措施控製勞動關係破壞因素；改進方案是從企業長遠發展的角度針對出現的問題提出改良措施，提升勞動關係合作程度。

隨著中國企業管理機制的優化，企業對勞動關係的管理也越來越重視，越來越多的企業嘗試構建勞動關係預警機制。但是企業勞動關係預警機制並不僅僅是一個靜態的指標體系或者運作系統，而是隨著不同行業、不同企業，甚至不同企業的不同發展階段、不同員工構成，而存在著動態的差異。因此，企業勞動關係預警機制的構建是一個長期的過程，需要對企業勞動關係的長期關注。

第八章

新員工心理契約管理策略及勞動關係協調機制創新

本章在前述研究的基礎上,提出交互視角下企業新員工心理契約管理策略、實行新員工心理契約的分類管理、基於積極心理學的人力資源管理策略以及創新企業勞動關係協調機制,為企業新員工心理契約管理及企業勞動關係的協調提供參考和建議。

一、交互視角下企業新員工心理契約管理策略

(一) 有效運用組織社會化戰術策略

組織社會化戰術策略的實施是企業管理的一項重要工作。它的有效運用不僅可以使企業組織的各項管理工作真正落實,從而使得員工對組織有更深層的理解,還能保持企業組織信息的真實性,實現組織資源與個人需求和技能相互匹配。目前大部分企業在組織社會化的管理上,都會因新員工的教育背景、組織背景等的不同,而對員工進行不同的社會化過程管理,即

使用不同的組織社會化戰術策略。具體而言，當新員工其進入組織時，組織可採取如下戰術策略使之盡快地融入組織。

1. 針對不同的新員工採取不同的社會化戰術策略

對於有工作經驗的新員工應採取程序策略，對於無工作經驗的新員工（如剛畢業的學生）應採取伴隨策略，比如可以通過輔導員制度，安排與新員工有著密切工作關係的有經驗的員工隨時輔導新員工，與新員工進行全面充分的溝通，降低新員工的壓力，掌握其心理波動，進行正確的信息引導。

2. 員工培訓全過程管理

企業不僅在新員工上崗之前對其進行入職培訓，還要將培訓貫穿到員工的職業生涯的整個過程中。

企業應通過制訂完整的培訓計劃，宣傳企業的制度政策、企業文化，介紹工作內容，並進行相應的技能培訓。可以讓新員工對企業的基本情況進行認識，解除不安的心理，堅定勝任工作的信心，增強的歸屬感，提升自身技能和素質，滿足個人發展的需求，進而提高新員工的滿意度、忠誠度和敬業度。

3. 加速新員工角色轉換和適應力提升

協助新員工對工作環境及工作角色產生適應力，使他們充分瞭解工作的性質。首先，企業應把每位新員工當成公司的財富，詳細地向他們介紹公司各方面的情況，讓其產生被重視感，縮短其適應環境、進入角色的時間，盡早為企業創造效益。其次，營造相互尊重及和諧的工作環境，建立新型的企業人際關係，使管理方式更為多元化、人性化、柔性化，以激勵其主動獻身和創新精神。最后，要建立健全有利於人際溝通的制度，提倡管理者與員工之間的雙向溝通，靠理解和尊重，靠高尚的人格和互動的心靈，使人才在自覺自願的情況下主動發揮潛能。

4. 組織社會化戰術策略要和組織人力資源管理戰略結合

組織社會化有效性是一個寬泛的定義，包括個體水平變量

和組織水平變量。在設計組織社會化項目的時候，不僅要考慮員工的態度，也要考慮到公司的使命和目標，只有將組織社會化策略和公司人力資源管理戰略相結合，才能更有效地實施組織社會化項目，進而加速公司整個目標的實現。這就要求組織首先要識別出公司所追求的戰略和實現戰略過程中所需要的員工信息，從而制定最可能產生組織所期望行為的組織社會化項目。

（二）將新員工組織社會化與組織激勵相結合

激勵是現代人力資源管理中最基本、最重要的職能，是指通過高水平的努力實現組織的意願，而這種努力以能夠滿足個體某些需求和動機為條件。事實上，根據雙因素激勵理論，組織社會化過程本身是保健因素，它和員工工作環境質量的指標存在正相關關係，而工作本身的本質更多的是激勵因素。因此，組織應在充分分析不同類型新員工的工作動機基礎上，採用差異化的激勵方式，利用物質激勵的同時，充分發揮非物質激勵的效應。比如對具有一定工作經驗並取得一定工作業績的應聘者，應提供良好的生活條件和職業發展機會，或提供較好的薪酬福利；對剛剛畢業的大學生，企業應根據他們的職業興趣和專業為其提供良好的發展和培訓機會。

（三）充分認識和把握新員工信息尋找內容與戰術

1. 加強組織信息的有效傳遞

在組織社會化過程中，新員工會採取主動的信息尋找行為，其信息尋找內容與信息尋找戰術對其心理契約均有著重要的影響，因此，企業應重視新員工信息尋找行為的客觀存在。雖然組織信息對於員工感知心理契約各維度的執行有重要影響，但是在員工尋找的信息內容中，最少的卻是組織信息。因此，企業應加強組織信息的有效傳遞，通過各種途徑讓新員工

更為真實地瞭解組織、融入組織,保持新員工對於企業的忠誠度與敬業度,這有利於企業的長期發展和員工工作的有序進行。

2. 充分認識新員工信息尋找戰術上的差異

不同類別的新員工在信息尋找戰術上也存在差異,因此組織應充分認識到這種差異並給予員工及時正確的引導。例如,剛畢業的學生更傾向於採用非詢問的方式獲得信息,因而企業應多與這類新員工進行溝通,降低因為非詢問方式造成的信息不對稱。具體來說,企業可以引導該類新員工採取公開戰術和觀察戰術去尋找需要的信息,並且重視信息的傳輸渠道和傳遞方式,從而規避新員工對於一些信息知覺錯誤的風險,使企業在信息溝通過程中處於主動地位。

(四) 重視新員工入職前及社會化過程中心理契約的維護和管理

新員工在進入企業後,在不同的工作階段,心理契約的預期、執行和違背會發生不同程度的變化。企業應重視新員工心理契約預期的變化,並進行適時的心理契約管理。

1. 新員工入職前心理契約的維護和管理

企業應在新員工進入企業之前給予其正確而統一的相關信息。企業在招聘員工時應將員工的工作職責、工作範圍、工作權限、工資待遇、激勵考核方式等問題清楚地告訴應聘者,否則新員工剛進入企業時可能會迷茫而不知所措,喪失安全感,有些人甚至會因為工作職責、工作範圍、工作權限不明確而失職犯錯,最終出現心理契約預期與執行的不吻合。

2. 社會化過程中心理契約的維護和管理

一方面,企業要適時調整新員工的心理契約預期。負責新員工的管理者或是輔導員要與新員工多進行溝通,切實瞭解他們的感受與想法,從而降低新員工預期沒有得到滿足的失落程

度。此外，要健全企業的人際溝通制度，營造和諧的工作環境，滿足員工對人際交往和表達意見的需求。例如，設置多重溝通渠道，提倡新員工和管理層雙向溝通。新員工由於剛接觸企業的各項工作內容，在許多方面都存在不理解的情況，此時，管理者應及時對員工進行指導，解除員工的疑惑，避免信息不對稱造成員工的誤解。同時，企業應規範員工的溝通渠道，創建溝通平臺，保證新員工與老員工之間的信息交流，為新員工營造一種和諧開放的工作環境，從組織層面滿足其心理契約預期。

另一方面，企業要有效地運用心理契約實現新員工的組織社會化。企業可根據員工的崗位特點、員工的興趣、企業組織的需要制訂相應的培訓計劃，不斷更新員工的知識和技能，為每一位員工提供充分發展的空間和機會，讓員工清晰地瞭解自己在組織中的發展前途，從而讓員工與企業結成長期合作的夥伴關係。企業要關注新員工的職業生涯發展，提供職業生涯機會的評估，輔助員工樹立自我發展、自我規劃職業生涯路徑的思路，協助其制定具體的行動計劃和措施。企業還應該時刻關注員工的心理波動，與員工進行充分而有效的溝通，從而實現組織與員工心理契約管理的良性互動。

二、實行新員工心理契約的分類管理

(一) 側重薪酬與激勵的交易維度管理

在交易維度下，員工和企業是明確的利益相關體，交易型心理契約主要關注明確的、短期的經濟利益上的相互關係，主要包括設計科學合理的薪酬體系。

1. 為新員工提供挑戰性的工作

挑戰性的工作能夠帶來成就感和滿足感。相對於墨守成規、一成不變的工作，新生代員工更傾向於從事具有挑戰性的工作。根據馬斯洛的需求層次理論和新生代員工的特點，企業不僅要提供合理的薪酬，更要滿足員工自我實現的需求。

2. 設計和建立科學合理的薪酬福利體系與制度

設計科學合理的薪酬體系，提高新生代員工的組織公平感。根據勞動力市場的平均工資水平確定合理有效的業績標準，建立以能力和績效考核為基礎的全面、科學的薪酬管理體系，既鼓勵了員工獲得與工作相關的能力、知識和技能，激勵員工不斷提升自我，又增強了企業在人才上的競爭優勢，降低或避免人才的心理契約破裂和違背，這對於企業獲得可持續發展具有重要的實踐意義。

建立合理的薪酬福利制度，對於降低管理人員的離職率具有積極作用。此外，薪酬體系的溝通也是建立良好薪酬制度和體系的關鍵因素之一。能否通過薪酬這把雙刃劍激勵員工勤奮工作不僅取決於薪酬體系設計的合理性，更為重要的還有企業如何在設計和開發薪酬方案時，做好與員工溝通的問題。薪酬溝通貫穿於薪酬方案設計的整個階段。企業在設計薪酬方案時，應通過溝通吸取員工對薪酬的合理意見，並在方案形成過程中通過不斷溝通調整設計出最符合企業現狀的薪酬體系和薪酬制度。構建福利薪酬制度，主要是對福利津貼、獎金、崗位工資、績效工資等薪酬福利的構成進行規範，細化設計管理人員、銷售人員、生產人員、技術研發人員、外聘人員、兼職實習人員的薪酬制度，構建一套完善的薪酬福利管理制度體系。此外，企業應從薪酬福利的組成、各類人員的薪酬制度、薪酬管理工作事項等3大維度構建企業薪酬福利管理制度體系。

3. 注重長期激勵

長期激勵主要是指基於取得長期業績和目標而設置的報酬

激勵，包括現金利潤分享、股票利潤分享、股票期權計劃等。短期激勵只會導致隧道視野，只有長期激勵才能真正發揮員工的潛力，實現員工和企業的共贏發展。

(二) 側重培訓與職業發展的發展維度管理

所謂的發展維度就是注重員工自身的成長和發展，在工作中提供相關的培訓，關注新生代員工的職業生涯規劃。

1. 配備導師，注重在職培訓和晉升

結合新生代員工以自我為中心、注重自身發展的特點，企業可以在員工入職初期或換崗期間為每位「新人」配備導師，增強員工的崗位勝任能力，更要有意識地提供在職培訓和晉升機會，使新生代員工感到自身受到尊重和重視，增強組織的凝聚力。

2. 提供職業生涯發展規劃的指導

根據馬斯洛的需求層次理論，人的最高需求是自我實現的需求。對於新生代員工而言，他們更注重自我的發展。隨著社會物質水平的不斷提高，豐厚的獎金已經不再是調動員工積極性的唯一方式，企業必須做好前期的人力資源規劃，將員工的個人目標與組織目標有效地結合在一起，鼓勵員工在職業生涯發展道路上的任何可取進步，並強調個人職業生涯與組織的匹配。通過提供良好的職業生涯發展規劃，企業能夠很好地把組織和員工聯繫到一起，創造互利共贏的局面。

3. 重視員工職業生涯管理

職業生涯管理是一種互動式的管理，個人和組織必須都承擔一定的責任，雙方共同完成對職業生涯的管理。在職業生涯管理中，員工個人和組織須按照職業生涯管理工作的具體要求做好各項工作。無論是個人或組織都不能過分依賴於對方，因為有些工作是對方不能替代完成的。從個人角度看，職業生涯規劃必須由自己決定，要結合自己的性格、興趣進行設計。而

组织在进行职业生涯管理时，所考虑的因素主要是组织的整体，以及所有组织成员的整体职业生涯发展。进行职业生涯管理，必须考虑一系列额外的要求，包括如何对待工作的压力、如何应对员工之间不同文化的挑战性，以及如何通过一系列由组织支持的项目对个人职业生涯管理给予帮助等。企业应该为员工提供针对员工职业发展需求的各种培训、进修机会，给员工必要的就业指导等。员工的培训和进修应该从企业战略需要和员工个人发展需要两方面着手，并与员工个人职业生涯规划相结合。此外，企业应给予员工更多的发展机会，丰富员工工作，并建立各种适合员工发展的职业通道，使得员工能够充分发挥自己的潜力。

(三) 侧重情感维系和企业文化的关系维度管理

关系维度是以社会情感交换理论为基础的，更多关注宽泛、未来发展和社会情感方面的交互关系，它是一种长期的相互联系。

1. 积极的组织行为和工作体验

研究表明，薪酬并非是最重要的激励方式，积极的组织行为和工作体验，如组织或领导的肯定和认可、良好的组织沟通等都可激励新生代员工实现自我价值。

2. 良好的工作氛围和充分授权

良好的工作氛围和上下级关系，是影响员工工作满意度的重要方面。充分授权是构建员工与组织之间信任关系的前提，也是影响员工忠诚度的重要因素。和谐的上下级关系、民主的领导方式、弹性化的工作时间以及一定程度上的授权，会使员工感到自己受到尊重和信任，更容易激发员工的潜能。

3. 塑造良好的人文主义企业文化

企业文化的建设应把理论拆细变成行为，把它融进员工的内心、生活和工作中。塑造良好的企业文化可以提高心理契约

中的關係維度的履行情況。心理契約的履行與維繫都應有以人為本的企業文化氛圍為基礎。企業要放鬆員工心情，緩解員工的工作壓力，具體可以在節假日舉辦企業內部員工間的小遊戲，既增進員工間的友誼，也增加員工的合作意識，從而提高員工滿意度。

三、基於積極心理學的人力資源管理策略

(一) 基於積極心理學的員工招聘策略

員工招聘要符合人力資源管理規劃和工作分析的要求。在招募員工的過程中，除了要進行工作崗位分析明確崗位的職責權限，崗位對任職者的知識、技能、職責的要求外，更應該考察應聘人員的相應心理素質。員工的心理素質主要包括情感、信心、意志力和韌性等，而情感，也就是員工的情緒能力又是心理素質的主要關注點。

（1）制定招聘計劃階段。除了人員需求數量的確定外，還要進一步分析不同崗位所需要的任職者的特點。這種特點不僅僅局限於對崗位技能、崗位職責等的分析，而要進一步分析該崗位所需要的人員自身內在的素質，從而針對擬招聘人員的特點選擇合適的招聘渠道。

（2）對應聘人員的初步篩選階段。除了對簡歷的客觀內容分析外，還要注重分析應聘者的簡歷結構，審查簡歷中的邏輯性，從而選擇具有高情商的人員進入下一步的面試環節。

（3）面試階段。除了考察應聘者的工作勝任力外，還要重點考察應聘者是否具有工作崗位所需要的內在素質。對於如銷售崗位這類要面對較大壓力的工作崗位，需要重點考察應聘者的抗挫折能力，而對於管理崗位這類需處理各種人際關係以

及制定企業戰略、工作計劃的崗位就需通過合適的心理測量方法來考察應聘者的情商狀況。應聘人員的情商可以通過面試進行考察，也可以通過各種情商測量量表來進行考察。在招聘員工時應將情商放在和智商同等重要的位置進行考察，將其滲透到人員的甄選、招聘、測量的各個階段，從而有助於組織選拔具有高情商的員工，這對知識經濟時代人力資源的管理和開發是大有裨益的。

(二) 基於積極心理學的員工培訓策略

在經濟全球化背景下，企業經營環境更加複雜，企業間的競爭更加激烈，組織要想獲得持久的競爭優勢，必須依靠人才。因此，企業要想在競爭中立於不敗之地，必須根據外部環境的變化和企業內部發展的需要對員工進行培訓。

1. 培養員工的積極樂觀情緒

積極心理學重視挖掘和培養人性的優點，認為培養每個人身上的潛在心理品質，才會使員工找到真正的快樂，才能極大地提高員工的工作積極性。積極樂觀的情緒如滿意、快樂、自豪等會擴展員工的認知範圍，有助於員工在工作中充分發揮其自身的創造性。

2. 致力於培養高職業幸福感的員工

對企業員工而言，是否擁有職業幸福感，既是個人對企業的滿意度和忠誠度的表現，同時也是個人生活質量的一個衡量標準。馬斯洛的需求理論和弗洛姆的期望理論描述了人們思想的不斷進步，不斷追求自我滿足，而職業幸福感既是個體的一種主觀心理感受，同時又隨著個體的不斷發展而不斷變化。通過培訓提高員工的職業幸福感，首先需要企業在潛移默化中形成一種人文關懷的企業文化，通過這種優秀的企業文化提高員工的幸福指數。其次要明確培訓目標，對培訓內容進行優化，針對不同的培訓對象制定不同的培訓方案，注意員工積極情緒

的培養，注重培養員工樂觀、感恩、幽默和同情等心理品質，從而對員工的績效、工作滿意度等產生影響。

(三) 基於積極心理學的員工績效考評策略

績效考評並不是簡單地對員工進行獎勵或懲罰，而應該是通過績效考評讓員工發現自己的優點，同時認識到自身的不足。因此，在考核結束後及時將績效考評信息對員工進行反饋並主動與員工溝通才能真正達到績效考評的目的。

將積極心理學運用於員工績效考評，應致力於通過對考評結果的反饋和溝通使員工形成積極的歸因方式。歸因方式會影響員工后續工作的努力程度，如果員工將個體的成功歸於自身的努力，會讓個體產生愉快的情緒體驗，並在后續的工作中持續付出努力。因此，在和員工的反饋中要引導員工形成正確的歸因方式。對於員工的成功，要讓他們意識到這是自己主動努力的結果，是其自身能力的體現，而不是由於運氣好、工作任務難度小等。對於員工的失敗，應該歸因於員工自身努力程度不夠，工作方法不對，需要在以後的工作中努力克服自身的不足。通過反饋，讓員工形成積極的歸因方式，讓其正確認識工作中的挫折和不足，主動修正自身的工作狀態，只有這樣才能達到績效考評的真正目的。

(四) 基於積極心理學的企業激勵制度設計策略

企業員工激勵制度的設計除了物質激勵外，應更加注重非物質方面的激勵。針對企業激勵制度中存在的問題，將積極心理學運用於員工激勵過程，需要做好五個方面。

1. 做好企業發展目標激勵

企業要明確經營目標的可達性從而使員工充滿希望，只有員工充滿希望地投入工作中才會激發員工自身的潛能，員工才會對工作充滿信心，充滿熱情，其積極性才會得到極大提高。

2. 給員工營造快樂的工作氛圍

輕鬆、愉悅、快樂的工作氛圍是每一位員工都樂於看到的，確保員工在寬鬆的組織環境中工作，有利於組織的健康發展，有利於良好團隊合作局面的形成。

3. 營造和諧的人際關係氛圍

和諧的人際關係有助於組織上下形成順暢的溝通渠道，有助於組織工作中的信息及時傳達和被正確地理解。和諧的人際關係氛圍使員工感受到個體被重視和關心，從而有利於員工對組織忠誠度的提高。

4. 非正式組織的人本化管理

在非正式契約基礎上建立起來的非正式組織客觀存在於企業內部，這種人際交往關係系統對和諧勞動關係的建設既有積極的一面，也有消極的一面，因而，企業需要瞭解它、接納它和影響它。針對非正式組織消極的一面，企業需要構建良好的企業文化，使員工和企業的命運緊密聯繫在一起，以人本化的管理方式構建積極的非正式組織。

5. 建設有積極影響力的工會組織

負責協調勞資關係的工會推動著企業文化建設。工會的建設需要關愛每一位員工。工會應通過多種形式的工會活動吸引各類員工，從而形成企業工會積極的影響力，進而提升員工對工作的滿意度。

四、創新企業勞動關係協調機制

黨的十八屆三中全會通過的《中共中央關於全面深化改革若干重大問題的決定》指出，要「創新勞動關係協調機制，暢通職工表達合理訴求渠道」。現階段，中國尚存在諸多影響勞動關係和諧的因素，因勞動就業、工資收入等引發的勞動爭

議事件時有發生。因此，亟須進一步創新勞動關係協調機制，構建和諧勞動關係新局面。

勞動關係協調機制的創新，要圍繞企業和職工的利益。一方面需要深化企業民主管理制度，完善勞動用工評價制度；另一方面，要健全職工利益協調機制、職工訴求表達機制以及優化勞動爭議處理機制。

(一) 深化企業民主管理制度

運行良好的企業民主管理制度是促進勞動關係雙方合作共贏的潤滑劑，能在很大程度上消除分歧，促進和諧。2012 年，中央紀委、中央組織部、國務院國資委、監察部、全國總工會、全國工商聯聯合下發了《企業民主管理規定》，為推動企業民主管理深入發展提供了重要指導。但在實踐中，一些企業的民主管理制度流於形式，效果不明顯，需要繼續深化。要強化企業民主管理的理念，明確職工參與企業民主管理是法律賦予的權利，是推進基層民主建設的有效手段，各類所有制企業的經營管理者都有義務建立和施行企業民主管理制度。健全以企業職工代表大會、廠務公開等為基本形式的企業民主管理制度，根據企業的不同性質、規模和治理結構，探索創新企業民主管理形式，豐富職工參與企業民主管理和監督的具體方法，保障企業職工的知情權、參與權、表達權和監督權。構建企業與職工之間的夥伴型關係和關係型心理契約，根據職工崗位特點、自我興趣、企業需要等量身定制相應的職業計劃，讓每一位職工在企業發展中獲得充分發展的空間和機會，在職工與企業之間形成長期合作的夥伴型關係，促使二者間的契約關係由交易型轉為關係型，從而深化企業民主管理制度。

(二) 完善勞動用工誠信評價制度

中國立法對勞動用工誠信問題進行了原則性規定，但還需

在總結各地實踐經驗的基礎上進一步完善。勞動用工誠信評價指標是建立勞動用工誠信評價制度的前提，因此，要制定勞動用工誠信評價的統一指標體系，這些指標至少應當包括用人單位規章制度建立、招工備案、勞動合同簽訂、工資支付、社會保險費繳納、未成年工和女職工特殊勞動保護、勞動爭議、違法行為舉報投訴等方面。應建立勞動用工誠信動態數據庫，將勞動用工誠信評價指標所包括的信息全部納入其中，對企業勞動用工評價指標變動趨勢進行實時監測，發現存在問題按照輕重等級分別向企業發出不同警示信息，引導企業糾正違法用工行為。建立勞動用工誠信等級公示制度，對用人企業定期進行誠信等級評價，並將評價結果通過文件、報紙、電視、網站、新媒體等途徑向社會公布，接受社會監督，切實維護職工的合法權益。

（三）健全職工利益協調機制

健全勞動關係協調機制，構建和諧勞動關係，必須要建立職工利益協調機制。要依靠工會組織的力量，進一步完善企業集體協商制度，不斷擴大集體協商覆蓋範圍，積極穩妥推進行業性、區域性協商，實現工資分配公平公正，有效維護勞動者經濟利益。要以實現勞動合同制度全覆蓋為重點加快完善職工權益保障機制，依法健全完善勞務派遣制度、勞動用工備案制度和企業裁員機制。要按照市場機制調節、企業自主分配、平等協商確定、政府監督指導的原則，建立反映勞動力市場供求關係和企業經濟效益的工資正常增長機制，將經濟發展成果更多地惠及於民。政府、工會、企業勞動關係三方協調機制是中國勞動關係調整機制的重要組成部分，是社會主義市場經濟條件下協調勞動關係的有效途徑，要進一步加強三方協商機制的制度化、規範化、程序化建設，完善三方機制職能，充分發揮三方機制共同研究解決勞動關係領域重大問題的獨特作用。

(四) 暢通職工訴求合理表達機制

職工訴求合理表達機制能夠使企業深入瞭解職工的願望及需求，更好地服務職工的生產生活，推動和諧勞動關係的實現。要營造和諧的工作環境，健全企業內部的人際溝通制度，關注企業職工的心理波動，對職工關注的焦點熱點問題進行深入溝通交流和心理疏導，回應職工對人際交往和訴求表達的需求，從組織層面滿足職工心理契約預期，拉近企業與職工的關係。要創新職工訴求合理表達渠道，不僅要完善座談會、定期走訪、專門工作室等傳統職工訴求渠道，還要建立微博、微信等新媒體訴求表達平臺，搭建立體、高效、多維的訴求表達渠道。此外，工會組織應主動瞭解和掌握職工訴求，代表職工積極向企業和有關部門反映情況，充分發揮工會的組織橋樑和紐帶功能，促使職工和企業之間的衝突以理性、科學、合法的方式化解，進而構建和諧的勞動關係。

(五) 優化勞動爭議處理機制

勞動者與用人單位因勞動權利與義務發生的爭議，是勞動關係緊張的導火索，如不及時妥善化解，將會直接影響勞動關係的穩定和諧。要將企業按照社區劃分為若干管理網格，實行勞動關係預警網格化管理，發揮企業工會、社區和勞動監察部門的聯動優勢，實行預警預報互通制度，提前介入勞動爭議，化解矛盾，盡量把勞動爭議化解在萌芽狀態。加強基層社區和企業的勞動爭議調解和仲裁機構建設，進一步完善勞動爭議調解和仲裁的組織程序和工作規則，在充分發揮調解的基礎性、前端性作用的同時，努力提高勞動仲裁的效力。還要暢通裁審銜接渠道，合理配置資源，加強相互協作，形成各級仲裁機構與司法機關的聯動機制，推進勞動爭議解決向基層延伸，方便勞動者就地就近處理勞動爭議，妥善化解勞動糾紛。

參考文獻

包曉佳, 2011. 勞動關係協調機制與企業和諧發展 [J]. 泰山學院學報 (5): 103-106.

卞永峰, 2013. 中小企業新生代農民工勞動關係預警模型研究——以山西省為例 [J]. 經濟體制改革 (3): 110-114.

蔡昉, 2008. 勞動力無限供給時代結束 [J]. 金融經濟 (3): 16-17.

蔡昉, 2008. 劉易斯轉折點——中國經濟發展新階段 [M]. 北京: 社會科學文獻出版社.

常凱, 1997. 勞動關係·勞動者·勞權: 當代中國的勞動問題 [M]. 北京: 中國勞動出版社.

常凱, 2002. WTO、勞工標準與勞工權益保障 [J]. 中國社會科學 (1): 126-158.

陳海玉, 郭學靜, 2013. 運用層次分析法構建山東省公立醫院勞動關係預警指標體系 [J]. 全國商情: 經濟理論研究 (32): 35-37.

陳軒明, 2013. 創新勞動關係協調機制的思考 [J]. 勞動保障世界 (9): 175-176.

程恩富, 2000. 社會進步與工會的作用 [J]. 工會理論研究, (4): 5-6.

參考文獻

程延園, 2004. 集體談判制度在中國面臨的問題及其解決 [J]. 中國人民大學學報 (2): 136-142.

程延園, 2011. 建立健全勞動關係協調機制 [J]. 中國人民大學學報 (5): 1.

付海賓. 企業員工理念型心理契約的實證研究 [D]. 開封: 河南大學, 2008.

郭亮, 肖臘梅, 王國猛, 2010. 組織公平性對心理契約破裂與護士留職意願緩衝作用的研究 [J]. 中華護理雜誌 (3): 207-210.

韓豔萍, 張媛, 2011. 公務員職業倦怠成因分析及干預對策 [J]. 前沿 (23): 205-208.

何勤, 2013. 企業勞動關係風險預警系統研究 [J]. 中國勞動關係學院學報 (1): 19-23.

侯景亮, 2011. 心理契約對目標績效的影響研究: 以工作滿意和努力為仲介變量 [J]. 管理評論, 23 (8): 131-142.

胡磊, 2014. 論中國勞動關係協調機制的完善與創新 [J]. 求實 (6): 50-54.

胡曉東, 2010. 構建基於HRM的企業勞動關係預警機制研究 [J]. 中國勞動關係學院學報 (12): 27-31.

季相雲, 2014. 唱好「一二三四」歌 練就「煎炒烹炸」功——江陰市勞動關係預警監控指揮系統顯成效 [J]. 中國人力資源社會保障 (7): 44-45.

江姍姍, 焦永紀, 2010. 基層公務員工作壓力與職業倦怠研究 [J]. 市場周刊 (理論研究), 2: 102-104.

蔣冬青, 易鵬, 2009. 公務員職業倦怠的原因及對策 [J]. 四川經濟管理學院學報 (3): 46-47.

康勇軍, 王霄, 屈正良, 2014. 職業院校教師情感承諾與職業倦怠的關係: 情感承諾的仲介作用和職稱的調節作用 [J]. 心理發展與教育 (5): 550-560.

考克斯,霍爾,1995.自然科學與社會科學研究人員信息尋找模式比較 [J].國外社會科學 (11):42-43.

賴淑女,陳淑貞,等,2014.真實工作預覽程度、組織社會化程度與工作態度關聯之研究:心理契約違反的作用 [J].經營管理論壇 (2).

李超平,時勘,2003.分配公平與程序公平對工作倦怠的影響 [J].心理學報,35 (5):677-684.

李超平,時勘,羅正學,等,2003.醫護人員工作倦怠的調查 [J].中國臨床心理學雜誌,11 (3):170-172.

李從容,張生太,2011.信息尋找行為對組織社會化影響研究——基於知識型新員工觀點 [J].科研管理 (4):106-112.

李恩平,2013.中小企業新生代農民工勞動關係預警組織架構研究 [J].經濟體制改革 (6):78-82.

李輝,2011.天津港勞動關係預警機制建設 [J].經營與管理 (4):61-62.

李繼霞,2011.關於完善中國勞動關係協調機制的若干思考 [J].社會科學輯刊 (6):55-58.

李景平,魯洋,李佳瑛,2012.公務員工作壓力對職業倦怠的影響研究——以 X 市 Y 區為例 [J].西北大學學報,42 (1):144-150.

李良智,周挺,2012.基於利益相關者理論的企業勞動關係協調機制研究 [J].財經理論與實踐 (11):93-96.

李原,郭德俊,2002.組織中的心理契約 [J].心理科學進展,10 (1):83-90.

李原,郭德俊,2006.員工心理契約的結構及其內部關係研究 [J].社會學研究 (5):151-245.

梁娟,2008.組織社會化管理策略對新員工組織社會化進程的影響 [D].北京:首都經濟貿易大學.

參考文獻

廖明, 2008. 管理者組織社會化的影響因素與影響效果研究 [D]. 上海: 同濟大學.

劉金祥, 高建東, 2012. 勞動關係預警機制的法理分析 [J]. 華東理工大學學報 (社會科學版), 1: 96-102.

劉延, 2013. 基於心理契約的 XY 銀行職業倦怠問題及對策研究 [D]. 濟南: 山東大學.

盧現祥, 1999. 轉軌時期中國非公有制企業勞資關係形成的特徵 [J]. 經濟問題 (11): 13-15.

羅寧, 李萍, 2011. 勞資關係研究的理論脈絡與進展 [J]. 當代財經 (4): 120-128.

馬慶國, 2002. 管理統計: 數據獲取、統計原理、SPSS 工具與應用研究 [M]. 北京: 科學出版社.

毛凱賢, 李超平, 2015. 新員工主動行為及其在組織社會化中的作用 [J]. 心理科學進展 (12): 2167-2176.

繆國書, 許慧慧, 2012. 公務員職業倦怠現象探析——基於雙因素理論的視角 [J]. 中國行政管理 (5): 61-64.

沈錦康, 1998. 對完善企業勞動關係協調機制的思考 [J]. 工會理論研究 (4): 16-17.

石金濤, 王慶燕, 2007. 組織社會化過程中的新員工信息尋找行為實證分析 [J]. 管理科學 (2): 54-61.

蘇曉豔, 2014. 組織社會化策略、工作嵌入及新員工離職意向研究 [J]. 軟科學 (5): 48-52.

孫國光, 2008. 重慶市公務員職業怠倦及 EAP 援助研究 [D]. 重慶: 重慶大學.

童愛農, 2000. 建立與完善企業勞動關係協調機制 [J]. 工會理論與實踐 (12): 26-28.

汪濤, 張輝, 劉洪深, 2011. 顧客組織社會化研究綜述與未來展望 [J]. 外國經濟與管理 (2): 33-40.

王勃琳, 2012. 理念型心理契約對員工行為的影響研究 [D].

天津：南開大學.

王春, 2008. 企業新員工信息尋找行為影響因素分析 [J]. 管理觀察 (11): 84-85.

王國穎, 2007. 公務員工作倦怠原因分析及干預 [J]. 雲南行政學院學報 (2): 104-106.

王明輝, 2006. 企業員工組織社會化內容結構及其相關研究 [D]. 廣州：暨南大學.

王明輝, 凌文輇, 2006. 員工組織社會化研究的概況 [J]. 心理科學進展 (5): 722-728.

王明輝, 凌文輇, 2008. 組織社會化理論及其對人力資源管理的啟示 [J]. 科技管理研究 (1): 172-173.

王明輝, 彭翠, 方俐洛, 2009. 心理契約研究的新視角——理念型心理契約研究綜述 [J]. 外國經濟與管理 (3): 53-59.

王慶燕, 2007. 組織社會化過程中的新員工信息尋找行為與心理契約的實證研究 [D]. 上海：上海交通大學.

王偉華, 2008. 天津市公務員職業倦怠問題與對策研究 [D]. 天津：天津大學.

王曉東, 2007. 公務員職業發展倦怠和解決對策 [J]. 黑龍江科技信息 (11): 64.

王雁飛, 朱瑜, 2006. 組織社會化理論及其研究評介 [J]. 外國經濟與管理, 28 (5): 31-38.

王雁飛, 朱瑜, 2012. 組織社會化與員工行為績效——基於個人—組織匹配視角的縱向實證研究 [J]. 管理世界 (5): 109-124.

王珏, 2004. 勞動力產權及其實現 [J]. 江蘇行政學院學報 (6): 39-44.

夏小林, 2004. 私營部門：勞資關係及協調機制 [J]. 管理世界 (6): 33-52, 155-156.

徐自強，王靈巧，2015. 基於心理契約理論的新生代員工頻繁跳槽研究［J］. 華北電力大學學報（社會科學版），4：87-90.

許曉軍，2011. 中國工會在構建和諧勞動關係中的合作博弈［J］. 中國勞動關係學院學報（1）：1-6.

許彥，2007. 新型企業勞動關係協調機制的構建思考［J］. 中共四川省委黨校學報（7）：38-41.

嚴鳴，涂紅偉，李驥，2011. 認同理論視角下新員工組織社會化的定義及結構維度［J］. 心理科學進展（5）：624-632.

楊岸，李燕萍，2007. 組織社會化理論研究述評［J］. 經濟管理（21）：91-96.

楊瑞龍，盧周來，2004. 正式契約的第三方實施與權力最優化：對農民工工資糾紛的契約論解釋［J］. 經濟研究（5）：4-12，75.

楊文霞，2012. 構建和諧勞動關係：工會參與社會管理創新的路徑和維度［J］. 中國勞動關係學院學報（4）：16-20.

姚琦，樂國安，2008. 組織社會化研究的整合：交互作用視角［J］. 心理科學進展（4）：590-597.

姚先國，賴普清，2004. 中國勞資關係的城鄉戶籍差異［J］. 經濟研究（7）：82-90.

姚先國，2005. 民營經濟發展與勞資關係調整［J］. 浙江社會科學（2）：78-86.

易江，2012. 勞動關係預警機制研究［J］. 湖南科技大學學報（社會科學版），3：78-83.

張錦清，金位群，2011. 對工會組織建立勞動關係預警機制的幾點認識［J］. 工會信息（16）：25.

張錦清，2013. 義烏市總工會強化勞動關係預警機制建設［J］. 工會信息（11）：24.

張軍，2010. 構建勞動關係預警機制［J］. 企業管理（7）：74-

76.

張啓航, 2007. 新經濟環境下基於心理契約的人力資源管理 [J]. 山東社會科學 (10): 137-139.

張生太, 楊蕊, 2011. 心理契約破裂、組織承諾與員工績效 [J]. 科研管理, 32 (12): 134-142.

張小宏, 2012. 再論當好娘家人：協調勞動關係的工會視角 [J]. 中國勞動關係學院學報 (5): 35-40.

趙國祥, 王明輝, 凌文輇, 2007. 企業員工組織社會化內容的結構維度 [J]. 心理學報 (6): 1102-1110.

浙江湖州市總工會辦公室, 2013. 湖州市總工會四級聯動構築勞動關係預警調處網路 [J]. 工會信息 (23): 34-35.

鄭東亮, 2011. 建立和完善多層次多渠道的勞動關係協調機制 [J]. 北京市工會幹部學院學報 (6): 36-39.

周其仁, 2008. 重要的是讓企業競爭大過勞務競爭 [J]. 中國企業家 (2): 74.

周瓊英, 2011. 完善勞動關係預警處置機制的探索 [J]. 中國勞動 (10): 20-22.

朱萱子, 2009. 公務員職業倦怠的成因初探 [J]. 改革與開放 (7): 99.

祝映蘭, 2013. 和諧勞動關係視角下的工會經費管理效率研究 [J]. 中國勞動關係學院學報 (5): 38-41.

Abu-Doleh J, Hammou M D, 2015. The Impact of Psychological Contract Breach on Organizational Outcomes: The Moderating Role of Personal Beliefs [J]. Journal of Competitiveness Studies, 23: 34-54.

Allen D G, 2006. Do Organizational Socialization Tactics Influence Newcomer Embeddedness and Turnover? [J]. Journal of Management, 32 (2): 237-256.

Anakwe U P, Greenhaus J H, 1999. Effective Socialization of Employees: Socialization Content Perspective [J]. Journal of Managerial Issues, 11 (3): 315-329.

Argyris C, 1960. Understanding Organizational Behavior [M]. London: Tavistock Publications.

Ashford S J, Cummings L L, 1983. Feedback as an Individual Resource: Personal Strategies of Creating Information [J]. Organizational Behavior and Human Performance, 32.

Ashford S J, Cummings L L, 1985. Proactive Feedback Seeking: The Instrumental Use of the Information Environment [J]. Journal of Occupational Psychology, 58 (1): 67-79.

Ashford S J, 1986. Feedback Seeking in Individual Adaptation: A Resource Perspective [J]. Academy of Management Journal, 29 (3): 456-487.

Ashforth B E, Saks A M, 1996. Socialization Tactics: Longitudinal Effects on Newcomer Adjustment [J]. The Academy of Management Journal, 39 (1): 149-178.

Bauer T N, Morrison E W, Callister R R, 1998. Organizational Socialization: A Review and Directions for Future Research [J]. Research in Personnel and Human Resource Management, 16: 149-214.

Bolino M C, Turnley W H, 2005. The Personal Costs of Citizenship Behavior: The Relationship Between Individual Initiative and Role Overload, Job Stress, and Work-Family Conflict [J]. Journal of Applied Psychology, 90 (4): 740.

Brill P L, 1984. The Need for an Operational Definition of Burnout [J]. Family & Community Health, 6 (4): 12-24.

Cheney G, Christensen L T, Zorn T E, Ganesh S, 2004. Organizational Communication in an Age of Globalization: Issues, Reflections, Practices [M]. 2nd ed. Prospect Heights, IL:

Waveland Press.

De Vos A, Buyens D, Schalk R, 2003. Psychological Contract Development During Organizational Socialization: Adaptation to Reality and the Role of Reciprocity [J]. Journal of Organizational Behavior, 24 (5): 537-559.

Freudenberg R, 1974. Der Alemannisch-bairische Grenzbereich in Diachronie und Synchronie [M]. Cambridge: Harvard University Press.

Griffin A, Colella A, Goparaju S, 2000. Newcomer and Organizational Socialization Tactics: An Interactionist Perspective [J]. Human Resource Management Review, 10: 453-474.

Harden R M, 1999. Stress, Pressure and Burnout in Teachers: Is the Swan Exhausted? [J]. Medical Teacher, 21 (3): 245-247.

Haueter J A, et al., 2003. Measurement of Newcomers Socialization: Construct Validation of a Multidimensional Scale [J]. Journal of Vocational Behavior, 54 (4): 16-48.

Katz R, 1980. Time and Work: Toward an Integrative Perspective [M]. Research in Organizational Behavior, Greenwich, Ct: Jai Press.

Kickul J, Lester S W, Finkl J, 2002. Promise Breaking During Radical Organizational Change: Do Justice Interventions Make a Difference? [J]. Journal of Organizational Behavior, 23: 469-488.

Kim T, Cable D M, Kim S, 2005. Socialization Tactics, Employee Proactivity, and Person-Organization Fit [J]. Journal of Applied Psychology, 90 (2): 232-241.

Klein H J, Weaver N J, 2000. The Effectiveness of an Organizational-level Orientation Training Program in the Socialization of New Hires. Personal Psychology, 53 (1): 47-66.

Levinson H, Price C R, Munden K J, et al, 1962. Men, Management and Mental Health [M]. Cambridge: Harvard University Press.

Maslach C, Jackson S E, Leiter M P, 1997. Maslach Burnout Inventory [J]. Evaluating Stress: A Book of Resources, 3: 191-218.

Maslach C, Schaufeli W B, Leiter M P, 2001. Job Burnout [J]. Annual Review of Psychology, 52 (1): 397-422.

Miller V D, Jablin F M, 1991. Information Seeking During Organizational Entry: Influences, Tactics, and a Model of the Process [J]. Academy of Management Review, 16 (1): 92-120.

Morrison E W, 1993. Longitudinal Study of the Effects of Information Seeking on Newcomer Socialization [J]. Journal of Applied Psychology, 78 (2).

Morrison E W, Robinson S L, 1997. When Employees Feel Betrayed: A Model of How Psychological Contract Violation Develops [J]. Academy of Management Review, 22 (1): 226-256.

Organ D W, 1988. Organizational Citizenship Behavior: The Good Soldier Syndrome [M]. Lexington: Lexington Books.

Ostroff C, Kozlowski S W J, 1992. Organizational Socialization as a Learning Process: The Role of Information Acquisition [J]. Personnel Psychology, 45 (4).

Pines A, Aronson E, 1983. Combatting Burnout [J]. Children and Youth Services Review, 5 (3): 263-275.

Pines A, Aronson E, 1988. Career Burnout [M]. New York: Free Press.

Reichers A E, Wanous J P, Steele K, 1995. Design and Implementation Issues in Socializing (and Resocializing) Employees [J]. Human Resource Planning, 17 (1).

Robinson S, Kraatz M, Rousseau D, 1994. Changing Obligations and the Psychological Contract: A Longitudinal Staudy [J]. Academy of Management Journal, 37: 137-152.

Robinson S L, 1996. Trust and Breach of the Psychological Contract [J]. Administrative Science Quarterly, 41 (4): 574-599.

Rousseau D M, 2001. Schema, Promise and Mutuality: The Building Blocks of the Psychological Contracts [J]. Journal of Occupational and Organizational Psychology, 74: 511-541.

Sandver M H, 1987. Labor Relations: Process and Outcomes [M]. Boston: Little, Brown and Company: 26-34.

Schaubroeck J, Green S G, 1989. Confirmatory Factor Analytic Procedures for Assessing Change During Organizational Entry [J]. Journal of Applied Psychology, 74 (6): 892-900.

Schein E H, 1988. Organizational Socialization and the Profession of Management [J]. Sloan Management Review, 30 (1): 53.

Schwab R L, Jackson S E, Schuler R S, 1986. Educator Burnout: Sources and Consequences [J]. Educational Research Quarterly, 10 (3): 14-30.

Sharma A, Thakur K, 2016. Counterproductive Work Behaviour: the Role of Psychological Contract Violation [J]. International Journal of Multidisciplinary Approach and Studies, 03 (1): 13-27.

Shirom A, 1989. Burnout in Work Organizations [J]. In: Cooper C L, Robertson I (Eds), International Review of Industrial and Organizational Psychology, New York: Wiley: 25-48.

Stearns G M, Moore R J, 1993. The Physical and Psychological Correlates of Job Burnout in the Royal Canadian Mounted Police [J]. Canadian Journal of Criminology, 35: 127-147.

Teboul JC B, 1994. Facing and Coping with Uncertainty During Organizational Encounter [J]. Management, 8 (2): 190-225.

Thomas H C, Anderson N, 1998. Changes in Newcomers Psychological Contracts during Organizational Socialization: Astudy of Recruits Entering the British Army [J]. Journal of Organizational Behavior, 19: 745-768.

Tomprou M, Rousseau D M, Hansen S D, 2015. The Psychological Contracts of Violation Victims: A Post-violation Model [J]. Journal of Organizational Behavior, 36 (4): 561-581.

Turnley W H, Feldman D C, 2000. Re-examining the Effects of Psychological Contract Violations as Mediators [J]. Journal of Organizational Behavior, 21: 25-42.

Van Maanen J, Schein E H, 1979. Toward of Theory of Organizational Socialization [J]. Research in Organizational Behavior, 1: 209-264.

國家圖書館出版品預行編目(CIP)資料

交互視角下員工心理契約及勞動關係協調研究 / 周莉 著. -- 第一版.
-- 臺北市：崧燁文化, 2018.08

面； 公分

ISBN 978-957-681-531-7(平裝)

1.人事管理 2.管理心理學

494.3　　　　107013842

書　名：交互視角下員工心理契約及勞動關係協調研究
作　者：周莉 著
發行人：黃振庭
出版者：崧博出版事業有限公司
發行者：崧燁文化事業有限公司
E-mail：sonbookservice@gmail.com
粉絲頁　　　　　　網　址
地　址：台北市中正區重慶南路一段六十一號八樓815室
8F.-815, No.61, Sec. 1, Chongqing S. Rd., Zhongzheng
Dist., Taipei City 100, Taiwan (R.O.C.)
電　話：(02)2370-3310　傳　真：(02) 2370-3210
總經銷：紅螞蟻圖書有限公司
地　址：台北市內湖區舊宗路二段121巷19號
電　話：02-2795-3656　傳真：02-2795-4100　網址：
印　刷：京峯彩色印刷有限公司（京峰數位）

本書版權為西南財經大學出版社所有授權崧博出版事業有限公司獨家發行
電子書繁體字版。若有其他相關權利及授權需求請與本公司聯繫。

定價：350 元

發行日期：2018 年 8 月第一版

◎ 本書以POD印製發行